牛强军 主编

航空装备维修保障
人机训练评估

Man–Machine Training Evaluation of Aviation
Equipment Maintenance Support System

西北大学出版社

图书在版编目(CIP)数据

航空装备维修保障人机训练评估/牛强军主编. ——西安：西北大学出版社.2022.2
　ISBN 978–7–5604–4914–2

Ⅰ.①航… Ⅱ.①牛… Ⅲ.①航空装备—装备维修 Ⅳ.①V241.07

中国版本图书馆 CIP 数据核字(2022)第 037704 号

航空装备维修保障人机训练评估

主　　编	牛强军
出版发行	西北大学出版社
地　　址	西安市太白北路 229 号
邮　　编	710069
电　　话	029–88303059
经　　销	全国新华书店
印　　装	西安真色彩设计印务有限公司
开　　本	787mm×1092mm　1/16
印　　张	12.25
字　　数	180 千字
版　　次	2022 年 2 月第 1 版　2022 年 2 月第 1 次印刷
国际书号	ISBN 978–7–5604–4914–2
定　　价	58.00 元

本版图书如有印装质量问题，请拨打电话 029–88302966 予以调换。

前 言

在新一轮科技革命和产业变革的推动下,当前世界军事革命异常迅猛,人工智能、量子信息、大数据、云计算等前沿科技加速应用于军事领域。传统空中作战样式发生深刻改变,无人/有人协同作战、蜂群作战、多域一体作战等新型作战样式不断涌现,智能化战争初见端倪。

胜利表现在空中,胜利保障在地面。与信息化战争相适应的航空装备维修保障,同样面临着烈火淬炼的严峻考验。这就意味着机务人员作为武器保障中最为重要的"人"的因素,要充分发挥模拟训练系统"训练实效做加法、训练成本做减法"这一优势,不断提高管装、用装、修装能力,全面建设高效、稳定的航空装备保障体系。

本书对人机训练评估进行研究、探讨与应用,在充分借鉴国外训练评估模型成熟理论的基础上,围绕机务人员潜能进行透视,构建出一套完整的"航空装备维修保障人机训练评估模型",并在数据库技术和层次分析法等算法的逻辑路径下,形成了可视化的评估系统。继而结合训练系统、管理层决策,推导出一套具备"吐故纳新"能力的可持续发展评估体系。这一评估体系,既能以卓有成效的评估策略,全程"诊断"机务人员训练过程,使管理层及时掌握机务训练绩效和各保障资源的利用情况,又能从评估"终点"走向"起点",以始为终层层递进,为下一次的评估指明方向。

未来,伴随着航空装备维修保障人机训练评估在部队的落实与管理,总有一日，能将修炼尖兵秘籍的"种子"撒播到更加广阔、更大范围的机务维修保障群体中，形成更加"根深叶茂"的评估理论及实践应用，并与部队的军事转型同频共振，加快实现强军目标，向世界一流军队目标阔步迈进！

此外，在构建评估体系的过程中，我们还惊喜地发现，航空装备维修保障人机训练评估，不仅体现了理论与实践的双箭头互动，而且作为一种评估工具，具有极强的渗透能力。能应用于机务定岗定责、实战演练、助推人机训练辅助设备提升等，有效解决各部队、各组织在机务维修训练中遇到的障碍，真正将评估的工具属性发挥到极致。

本书较为全面的介绍了关于航空装备维修保障人机训练评估有关问题，对航空装备维修保障人机训练评估的需求、方法、体系、模型、应用等均进行了深入分析，内容上力求做到全面和完整，并初步形成理论体系。第一章主要介绍航空装备维修保障训练的基本情况和训练评估的需求；第二章介绍了进行训练绩效评估的几种主要方法；第三章针对训练评估模型的构建，给出了实施训练评估的一般流程；第四章主要介绍了数据库在训练评估中的应用需求和实际作用；第五章主要介绍了基于层次分析法的训练评估实现及优缺点分析；第六章对实施训练评估的各组成部分和要素进行了分析；第七章从管理角度提出了影响训练评估的几个方面的问题；第八章对航空装备维修保障人机训练评估的拓展应用和发展进行了展望。

本书由牛强军教授主编，高嵩参编。牛强军教授编写了本书第一章至第七章，并负责全书的统稿工作；高嵩编写了本书的第八章，并负责内容校对。本书编写过程中编者参阅了相关研究领域中多位专家的专著和学术论文，多处引用和借鉴了他们的观点，在此一并表示感谢。

由于作者水平有限，书中不免存在不足与错讹之处，诚挚希望相关领域专家和广大读者批评指正。

编 者

2021 年 3 月 30 日

目 录

第1章 航空装备维修保障训练意义及评估需求 ········· 1

第1节 航空装备发展趋势 ········· 2

1.1.1 航空装备的信息化 ········· 2

1.1.2 航空装备的智能化 ········· 4

1.1.3 统筹推进和融合发展 ········· 6

第2节 高科技装备的人机训练特点 ········· 7

1.2.1 人的因素 ········· 9

1.2.2 机的因素 ········· 10

第3节 训练评估的基础要义 ········· 12

1.3.1 训练评估的机理 ········· 14

1.3.2 军事训练绩效评估 ········· 15

第4节 人机训练评估的问题 ········· 17

1.4.1 评价粗放,缺乏标准 ········· 18

1.4.2 维度较少,以偏概全 ········· 19

1.4.3 颗粒度大,不够精细 ········· 20

1.4.4 统计不准确 ········· 21

　　　　1.4.5 预测不科学 ……………………………………………… 22
　　第 5 节　人机训练评估的原则 ……………………………………… 23
　　　　1.5.1 全面、精细评估 ……………………………………… 23
　　　　1.5.2 准确、智能评估 ……………………………………… 24
　　　　1.5.3 科学、公正评估 ……………………………………… 25
　　　　1.5.4 能力、素质评估 ……………………………………… 26
　　　　1.5.5 眼前、长远评估 ……………………………………… 27
　　　　1.5.6 组织、管理评估 ……………………………………… 28

第 2 章　训练绩效评估理论的一般方法 ……………………………… 30
　　第 1 节　层次评估模型 ……………………………………………… 32
　　　　2.1.1 柯克帕特里克模型 …………………………………… 32
　　　　2.1.2 Hamblin 社会效益平台模型 ………………………… 35
　　　　2.1.3 Kaufman 五级评估模型 ……………………………… 36
　　　　2.1.4 Phillips 五级投资回报率模型 ………………………… 37
　　　　2.1.5 其他层级评估模型 …………………………………… 38
　　第 2 节　流程评估模型 ……………………………………………… 39
　　　　2.2.1 CIPP 模型 ……………………………………………… 39
　　　　2.2.2 CIRO 模型 ……………………………………………… 41
　　第 3 节　结果类评估模型 …………………………………………… 42
　　第 4 节　国内评估模型的研究 ……………………………………… 43

第 3 章　航空装备维修保障人机训练评估模型 ……………………… 45
　　第 1 节　围绕机务人员潜能构建模型 ……………………………… 47
　　第 2 节　评估模型的选择 …………………………………………… 51
　　　　3.2.1 以军事训练条例为准则 ……………………………… 52
　　　　3.2.2 借鉴各评估模型的优势 ……………………………… 53

　　　　3.2.3 结合实际因地制宜 ………………………………… 54
第3节　航空装备维修保障人机训练模型概述 ……………… 55
　　　　3.3.1 模型定义及内涵 …………………………………… 56
　　　　3.3.2 模型外延及创新 …………………………………… 58
第4节　评估流程 ……………………………………………… 59
　　　　3.4.1 准备阶段：制定绩效评估计划 …………………… 60
　　　　3.4.2 实施阶段：组织开展人机训练 …………………… 62
　　　　3.4.3 评估阶段：针对拟定指标逐一评价 ……………… 63
　　　　3.4.4 应用阶段：落实反馈形成合力 …………………… 64
　　　　3.4.5 总结阶段：撰写评估报告 ………………………… 65
第5节　评估方法 ……………………………………………… 66
　　　　3.5.1 主要评估方法展示 ………………………………… 67
　　　　3.5.2 评估方法应用 ……………………………………… 69

第4章　基于数据库的人机训练评估体系 ……………………… 71
第1节　数据库是建立评估体系的基础 ……………………… 72
　　　　4.1.1 数据库让评估更饱满 ……………………………… 74
　　　　4.1.2 数据库让评估更可靠 ……………………………… 75
　　　　4.1.3 数据库让预测更准确 ……………………………… 75
第2节　关于人机训练评估体系的构架展示 ………………… 76
　　　　4.2.1 训练系统 …………………………………………… 80
　　　　4.2.2 评估平台 …………………………………………… 85
　　　　4.2.3 管理层决策 ………………………………………… 92
第3节　让评估体系可持续发展 ……………………………… 95

第5章　评估算法 ………………………………………………… 98
第1节　综合指标中各因素的"权重"分配 ………………… 98

第 2 节　AHP 层次分析法 ………………………………………… 99
　　5.2.1 权重设置举例 ……………………………………… 99
　　5.2.2 AHP 方法原理 ……………………………………… 100
　　5.2.3 AHP 的步骤 ………………………………………… 106
第 3 节　不完全层次结构中组合权向量的计算 ………………… 111
第 4 节　层次分析法的优点和局限性 …………………………… 113

第 6 章　训练评估模型分析应用

第 1 节　受训人员分析 …………………………………………… 115
　　6.1.1 受训人员信息 ……………………………………… 116
　　6.1.2 岗位背景 …………………………………………… 116
　　6.1.3 性格特点 …………………………………………… 117
第 2 节　教学反馈分析 …………………………………………… 118
　　6.2.1 授课教员 …………………………………………… 119
　　6.2.2 课程安排 …………………………………………… 121
　　6.2.3 讲义教材 …………………………………………… 122
　　6.2.4 教学条件 …………………………………………… 123
第 3 节　学习效能分析 …………………………………………… 124
　　6.3.1 原理知识点掌握 …………………………………… 125
　　6.3.2 操作技能掌握 ……………………………………… 126
第 4 节　态度与能力分析 ………………………………………… 128
　　6.4.1 态度 ………………………………………………… 129
　　6.4.2 能力 ………………………………………………… 131
第 5 节　协同与互信分析 ………………………………………… 132
　　6.5.1 协同分析 …………………………………………… 133
　　6.5.2 互信分析 …………………………………………… 134
第 6 节　组织与管理分析 ………………………………………… 135

　　　　6.6.1 有序性 ·· 136

　　　　6.6.2 科学性 ·· 136

　　　　6.6.3 难易程度 ·· 137

　　第7节　训练结果分析 ······································ 137

　　　　6.7.1 训练科目得分率分析 ······························ 138

　　　　6.7.2 训练进度分析 ···································· 139

　　　　6.7.3 错误操作分析 ···································· 140

　　　　6.7.4 训练设备分析 ···································· 141

　　第8节　训练评估对军事效益的提升 ·························· 142

　　　　6.8.1 基于效益提升的定量分析 ·························· 143

　　　　6.8.2 基于效益提升的定性分析 ·························· 144

　　　　6.8.3 引入实验组与对照组进行定性、定量分析 ············ 144

第7章　训练评估的落实和管理 ································ 146

　　第1节　建立培训者和受训人员的互信 ························ 146

　　　　7.1.1 建立互信需要价值共创 ···························· 147

　　　　7.1.2 建立互信需要投入情感 ···························· 149

　　　　7.1.3 培训者要肯定受训人员表现 ························ 150

　　　　7.1.4 受训人员要充分展示自我 ·························· 151

　　第2节　建立荣誉和奖励机制 ································ 151

　　　　7.2.1 通过荣誉机制形成优良作风 ························ 153

　　　　7.2.2 奖励机制需长期、系统开展 ························ 154

　　　　7.2.3 荣誉和奖励机制应提前告知 ························ 155

　　第3节　基层领导参与负责制 ································ 155

　　　　7.3.1 自上而下落实评估 ································ 156

　　　　7.3.2 以工匠精神建立学习型组织 ························ 157

　　　　7.3.3 以身作则深化"传帮带" ···························· 158

第 4 节　推进机务模拟训练实战化 ·············· 159
　　7.4.1 结合实际，将训练搬进实战场 ·············· 160
　　7.4.2 面向未来，持续评估与时俱进 ·············· 161
第 5 节　激励技术在模拟训练中的应用 ·············· 162
　　7.5.1 善用积极心理暗示 ·············· 163
　　7.5.2 以精神激励、正激励和内在激励为主 ·············· 164
　　7.5.3 适度竞争，让高素质机务人员脱颖而出 ·············· 165
　　7.5.4 合理设计，形成激励技术长效机制 ·············· 165

第 8 章　人机装备训练评估拓展应用和展望 ·············· 167
第 1 节　机务定岗定责及人才梯队建设 ·············· 168
　　8.1.1 定岗定责及晋升制度 ·············· 169
　　8.1.2 机务人才梯队建设 ·············· 170
第 2 节　军事演练及评估 ·············· 173
　　8.2.1 多项目演练 ·············· 173
　　8.2.2 演练评估 ·············· 177
第 3 节　人机训练辅助设备的提升 ·············· 179

参考文献 ·············· 183

第1章
航空装备维修保障训练意义及评估需求

空军以其敏捷的移动速度和反应速度,决定了现代战争是从"空天瞰制全球"的空袭开始的。它居高临下,以"端对端"的方式快速"显形"直取目标,继而骤然释放强大能量形成"泰山压顶""垂直掏心"之威势,对地面和水面目标具有天然的打击优势。从二战时期开始,制空权、战略轰炸等概念就已经出现并走向成熟。

海湾战争中,空军作战作为一种独立的作战样式出现,执行了战略空袭、夺取战区制空权、削弱地面部队和支援地面作战等任务,用近乎打"电子游戏"的方式结束了一场单方面"屠杀"。其中两枚"斯拉姆"导弹,以"外科手术"式的精确打击,震惊世界:第一枚导弹把目标墙体炸开一个洞,第二枚导弹穿过此洞后爆炸,诠释了精确制导武器的效能。细数近20年来所有的信息化战争,从外观上看,无一不是以空中力量为主赢得军事胜利的,空军与其他军种的联合作战,几乎可以决定一场战争的成败。

中国人民解放军空军成立以来,经过不断发展,已建设成为一支多兵种混合的现代化高技术军种,担负着维护国家主权、保卫祖国领空安全的重大使命,还负有抢险救灾,参加社会主义国家建设的任务。当今世界,空天安全形势之严峻、空天力量地位之重要、空天领域竞争之激烈,前所未有。

第1节　航空装备发展趋势

20世纪60年代以来,以信息技术为代表,生物技术、新材料技术、新能源技术、航天技术等一大批高新技术群体不断涌现,它们与世界经济和社会发展水乳交融,构建出了"技术上可行、经济上适用"的双引擎驱动,让一场全方位、多频次的新科技革命蓬勃兴起。这场革命来势迅猛、影响深远,并早早地将触角伸向了硝烟滚滚的战场,为信息化战争插上了"翅膀"。在未来的高技术局部战争中,要想在信息化战争中立于不败之地,就必须坚持信息主导、体系建设,坚持自主创新、持续发展,坚持统筹兼顾、突出重点,加快武器装备更新换代,航空装备的信息化势在必行。

1.1.1　航空装备的信息化

航空装备的信息化,是指在航空装备的各个领域广泛应用信息技术,全面提升作战效能。发展先进武器装备,就单件兵器而言,要求信息技术在装备的使用、操纵、指挥中起主导作用,如信息化弹药、信息化平台以及指挥自动化系统等;就空军武器装备体系而言,信息化是采用系统集成的手段,将机械时代的单个功能及空军武器装备子系统整合成为系统关联、信息互通、应用互操作、功能互补、按照一定作战原则综合集成的有机整体,继而形成网电一体、攻防兼备、软硬结合的对抗体系。

通过信息化手段的作战设计与联通,空战环境、空战形态和空战样式发生了重大转变。比如,信息化让战场形成了一个由通信系统、探测系统和武器组成,以计算机为中心的网络体系,各级作战单元可以快速感知战场态势,指挥官能同时指挥多个部队作战,甚至与前线每一位士兵直接对话,避免因为贻误战机而导致军事行动的失败;又比如,信息化飞机能针对不同目标,提供不同的火力打击方式,并和地面防空系统、预警机、海军舰艇乃至更小的作战单位实时沟通,制定出最有效的空战战术。

  总体来说,航空装备的信息化具备战场监视的透明化、信息输送和处置的统一化,以及目标打击的远程性、精确性、实时化和隐形化等特性,它不再是孤胆英雄驾驶飞机之间的对决,而是体系与体系之间的对抗,强调将武器平台变成武器系统,体现着交战双方在陆海空天电等多维空间的联动。此外,信息化还让空军的作战范围不断突破,从而实现消除空中威胁、进攻各类军事设施、闪击空军战术范畴内的设施、对陆军实施空中救援、打击潜水艇等更广阔的领域。

  放眼世界,如今各军事大国都非常重视将信息技术应用作为提升装备保障能力的"倍增器"。此前,美国空军提出了"全球到达、全球打击"的空天一体化行动,加速发展航空航天优势、信息优势、精确战、全球攻击、全球快速机动和便捷的战斗支援6项核心能力。预计到21世纪中叶,美军将在三军数字化基础上率先实现全军的信息化。俄罗斯联邦空军研制的第四代飞机是具有远程作战能力的隐身飞机,并计划将俄联邦空军逐步建成适应未来信息化战争需要的军种。还有其他发达国家相继制订了"数字化总纲"或"综合战场信息系统长远规划",作为其发展信息化空军的指导方针。

  如果把机械化战争中的联合作战称为旧联合作战,以信息为核心的高技术局部战争称为新联合作战,相比之下,两者作战空间、作战力量、作战指挥体系、作战保障和作战一体化程度都有所区别。信息化过程,需要解决网络化作战的航空装备平台、航空火控系统的架构、飞机与武器综合的标准体系研究、航空弹药的标准化等一系列问题。可以预见,在未来的信息化战争中,航空装备的对抗性将越来越强,作战飞机和机载设备型号将日渐繁杂,综合航电系统、多传感器探测系统、电子战系统等将更加完善,甚至会有大量的飞机作为侦察、探测和信息对抗、信息中继专用平台,串联起一个庞大的信息网络系统。

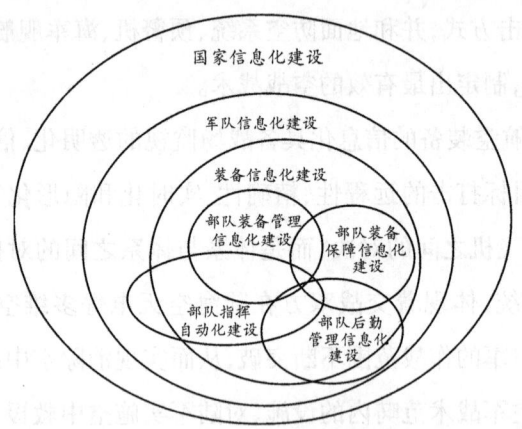

图 1-1 装备管理信息化建设的外延

作为一项统揽全局的系统工程,航空装备的信息化建设在国家信息化建设、军队信息化建设的宏观背景下乘势而起,牵扯装备管理、装备保障、后勤管理、指挥自动化各个环节的分级管理和统筹协作。因此,既要统筹整体,又要明确重点、区分先后;既要理顺机械化建设和信息化建设的关系,又要协调体制机制和各方利益的矛盾,其过程也不可能一蹴而就,而是一个循序渐进的长期过程。

1.1.2 航空装备的智能化

信息化方兴未艾之时,新一轮科技革命伴随着时代的车轮滚滚向前。2016年3月,谷歌公司的阿尔法狗以4:1压倒性胜利成为第一个战胜围棋世界冠军的人工智能程序。同年6月,辛辛那提大学开发的阿尔法空战系统在空战模拟器上驾驶第三代战斗机,战胜了经验丰富、驾驶着第四代战斗机的人类飞行员。这两个标志性事件掀起了一股以深度学习为代表的新一代人工智能技术研究热潮。

同样在军事领域,人工智能、量子信息、大数据、云计算、物联网等前沿科技迅速奔涌而来,引领各种无人作战平台和智能化武器装备系统进入战场"角色"。如果说信息化作战的制胜机理突出表现为信息主导的及时准确,那么智能化作战则更多地表现为智能自主。信息化为智能化战争奠定了"认知"基础,智能化是军事信息化发展的必然阶段。继冷兵器战争、热兵器战争、机械化战争、信息化战争之后,战争形态正向智能化战争快速演变。

传统军事策略中,经常是通过人为经验和反应来"指挥"战场的,过于依赖个人的业务素养、主观决策。如今,战争环境的瞬息万变与武器装备的多元化,像放大镜一样,将人为因素的不确定性暴露无遗。毫无疑问,具有指挥高效化、打击精准化、操作自动化和行为智能化的武器装备,将在未来战场上贡献独特的"机器智慧与力量"。

智能化作战,是以人工智能为布局,渗透到作战指挥、装备、战术等场景和领域,并实现争夺制智权的重点目标、数据互联的基础设施、多域一体的战场空间、脑机融合的指挥决策、智能自主的武器装备、无人争锋的交战方式等。航空装备的智能化包括智能化的指挥控制系统、智能武器战斗机、智能化导弹、智能化小型武器等。

智能化的指挥体系,是战场感知能力、信息传输能力、快速机动能力、精确打击能力的系统集成,它犹如"指路明灯",在硝烟弥漫的战场上帮助作战人员快速决策,大大减少作战指挥层次,并与其他军兵种甚至民用系统之间实现互联、互通、互操作,使各个子系统化零为整。

智能化的武器装备,比传统武器更先进、更聪明,可以"有意识"地寻找、辨别需要打击的目标,是一种能"看见"、可"交流"、会"思考"、听"指挥"的武器系统。例如,在巡航导弹基础上发展起来的智能导弹,能在敌方上空自动搜索、识别、跟踪目标并进行优化处理,根据目标特征选择最佳战斗部位实施攻击,消灭一个目标后立刻转向另一个目标,通过网络通信,几枚导弹会"边飞行、边商量",以取得最大战果。

加速推进武器装备的智能化、无人化和自主化,在指挥决策、组织形态、战法运用等领域具有与时俱进的意义。以无人机作战系统、无人机集群等为代表的智能化武器,将重构作战法则,使战场全息透明,战争控制有人,战场交锋无人。2020年末,阿塞拜疆和亚美尼亚两国的武装冲突,就呈现出了一场颇具教科书意义的无人机战争,无人机像"点名"一样轻松击毁战车、坦克、火炮。这些带有智能化特征的作战样式,充分利用自身代差技术优势,压缩对手的指挥决策时间,实现了破网断链、毁瘫对手的作战体系,形成了"一边倒"的作战态势,改写了现代战争制胜机理。

见之于未萌,识之于未发。伴随着5G技术、大数据中心、工业互联网等新基建领域的建设机遇,未来的战争场景将更为丰富。无人/有人协同作战、蜂群作战、多域一体作战等新型作战样式不断涌现,指挥控制平台、空中作战平台等由"精确化"向"智能化"转变。战争决策也将趋向于人机混合决策、云脑智能决策和神经网络决策,从而出现真正意义上的全天候、全时空、全方位、全领域的智能化战争。

人工智能技术撬动军事变革的作用不容小觑,但与此同时,战争中的技术、伦理、道德等一系列风险与挑战也逐步显现。当机器人不听从人类指挥时,枪口对准的将可能是战争中的任何一方。因此,人工智能带来的人机结合作战方式必须将人置于主体地位,保证人类指挥员对系统的控制权,将技术、伦理与法律等控制手段配合使用、高度融合。

1.1.3 统筹推进和融合发展

从技术推动战斗力生成看,机械技术放大人的技能,信息化技术延伸人的感知,人工智能技术拓展人的智能。从时序上看,前一"化"为后一"化"提供重要物质基础。例如,信息化建设需要机械化平台和弹药这样的物理实体,作为"联"的对象;智能化建设需要高度信息化提供算力和数据,产生链式突破。机械化、信息化、智能化之间有着紧密的内在联系,三者之间,是一种合三为一的相互渗透、渐次递进、有序依存、兼容并蓄关系。

2020年11月的国防部新闻发布会上,国防部发言人表示,"通过长期努力,我军已经基本实现机械化,信息化建设也已取得重大进展。随着战争形态加速演变,建设智能化军事体系已成为世界军事发展重大趋势。"通常所说的基本实现机械化,或者说机械化战争形态结束了,意味着机械化发展到后期,其对战斗力增量的贡献边际递减。但是,每一"化"都只是某一历史时期的建设重点,不存在某一时期被某一"化"排他性独占的情况。就像在未来智能化战争中,特种部队仍然有可能使用匕首、弓弩等冷兵器时期的典型武器。

国防和军队建设是一项复杂的系统工程,如果跳过机械化、信息化,"另起炉灶"专心搞智能化,智能化就会成为"空中楼阁",反而欲速则不达。战争形态演变和我军自身发展实际,决定了需要加快机械化、信息化、智能化融合发展,抢占世界军事变革先机主动。只有当新式武器与战术、作战理论和军队编制的新变化结合起来,才能扩张"军事技术革命"外延,保证军事转型的全面性和彻底性。

第2节 高科技装备的人机训练特点

《战争论》一书的作者克劳塞维茨曾说过:"战争是最少保守的领域",一部战争史其实就是一部军事创新史。如今世界格局波诡云谲,大国博弈和地区冲突日渐升级,特别是在机械化、信息化、智能化"三化合一"的发展底色上,这意味着未来的任何一场战争都不会是对现有战争形态的照搬照抄。

对于空军来说,胜利表现在空中,胜利保障在地面,高保障性是飞机快速出动和强机动性的保证。武器装备保障,主要包括装备延寿整修及改制、装备巡检巡修、装备返厂维修、专项任务保障、用户培训、退役处理等。在武器装备保障体系中,航空机务维修保障作为战略空军中的关键一环,主要是对飞机机体、发动机和机载设备进行维护修理。技术密集、系统复杂的高科技航空装备,让传统的机务保障体系,面临着前所未有的挑战。因而,构建与武器装备特点相适应的综合保障体系,建立快速响应、整体联动的保障服务机制,是空军部队机务建设的重要课题。

为适应航空装备发展、适应航空装备保障人才的成长,整合优化训练资源,创新机务人才培训模式,系统加强训练基地建设,有助于实现机务人才培养步伐与维修一线需求"同频共振",让培养出的机务人才"信得过、用得上、有发展"。尤其是基于"虚拟-现实"投射的人机训练,能通过逼真的仿真训练环境,借助人机交互手段,使受训人员像真实世界中一样直接操纵虚拟物体或者部件,以达到训练的目的。

人机训练中的"人",指的是承担航空装备维修工作的机务人员。他们负责在地面上对航空装备、飞机机体、发动机及机载设备进行维修保障工作,就像是飞机的"保健医生",为战鹰"体检",替导弹"把脉",维修质量高、保障能力强。

人机训练中的"机",指的是模拟设备的仿真训练系统。仿真系统包括飞行仿真、空战仿真、对地攻击仿真。它们以计算机技术为核心,以虚拟现实应用为基础,以虚拟的数字样机和场景为操作对象,以行业特点及专业需求为导向,是人机装备训练评估的重要载体。

该系统具有结构复杂、价值高、操作性比较强等特点,可解构为"机""军""特""无"等多层次信息。"机"指的是发动机动力,决定着飞机的机动能力及巡航能力;"军"指的是军械,作战飞机和机载武器等;"特"指的是特种设备,包括仪表、大气机等;"无"则指的是无线电通信、雷达、航电部分,它是飞机的中枢神经,具有信息传导、控制的功能,飞机的作战性能与航空电子系统密切相关。

通过仿真模拟设备的"还原",虚拟驾驶舱、虚拟三维飞机、动态原理图等——展现在眼前,相当于将"真实的飞机环境"直接搬到了课堂上。可以说,模拟训练器在一定程度上引领了实践性教学的新模式,是促进机务人员和受训人员理论知识快速向实务、应用进行转化的一大利器。一方面解决了教学任务重、新装备紧缺、教学组织难的问题,投入少、效果好、效益高,另一方面则与机械化、信息化技术高度集成的装备保障相适应,为机务人员提供了更丰富灵活的实践性训练机会。

1.2.1 人的因素

部队装备管理信息化建设的一切活动,都必须与人的主观能动性相结合。未来信息化战争,是由高度现代化的军队使用信息化武器装备进行的对抗,要求参战的每一个士兵都要熟练地掌握手中武器装备和具有很强的专业技能;要求参战的每一个人员不但要精通军兵种知识,还要有丰富的科学文化知识和相应的战略战术思想及谋略水平。

作为一项专业化、高技术的工作,按照专业,机务可细分为机械专业、特设专业、军械专业、电子专业、飞机修理等。他们从不同的专业角度相互协同,共同保证飞机随时处于可用状态。

比如,放飞是机务保障工作中最紧张的一个环节。机组成员各司其职,检查仪表、搬运舷梯、打旗、取轮挡、拔保险销……这其中如果发现战机有任何"异常",就会立即处置。飞行员根据塔台指令向机械师打出起动手势,飞行员全神贯注盯着飞机舱内各个仪表指示,待发动机起动好,巨大的轰鸣声响彻机场,旗语提示飞机检查完毕,飞行员请求滑出,机械师示意可以滑出。位于飞机侧前方的信号员绿旗前指,飞机缓缓滑出机棚。

在机务保障的"战场"上,机务人员既是全力打赢的攻坚者,又是消灭隐患于萌芽的"找碴神探"。他们用一块块抹布擦亮忙碌的日子,靠一把把解刀打开通天的跑道。如果用慢镜头对机务人员的维修保障工作进行细节记录,就会发现其精细程度让人惊叹,容不得半点马虎,不允许有一丁点的弹性。

以飞行前的检查为例,机务人员要进行仪表检查、功能的检测、给系统设备加电、通讯功能检查、根据攻击类型挂好导弹、调整飞机频道、设置不同的抗干扰模式等一系列操作。其中,每一个操作背后都是繁杂、精密步骤的层层嵌套。比如,通讯功能检查包括通讯喊话、发指令等;根据攻击类型挂导弹时,空空对抗要加挂空空导弹,空地对抗则要加载空地导弹等。机务人员必须严格按照作战要求进行参数的配置加载,精细地执行好每个步骤,让飞机保持良好飞行状态。

机务维修人员是信息化装备的直接使用者,也是人机交互训练的决策者和执行者。针对机务人员的新一代人机训练,主要目标是以用户为核心,让操作者的每一个动作和分析都具有战术意义,更安全、更自然、更高效地保证飞行战斗任务。

1.2.2 机的因素

航空装备属于高价值、高技术、高风险领域,维修程序严格,对人员资质要求具有难以逾越的天然门槛。传统的装备培训普遍采用理论加实体机上实践,这种方式的不足之处显而易见:造价高昂,后期设备升级及维护成本高;某些项目如拆装、飞机通电测试之类可持续性较差;某些不必要的零部件购置、维修工具管理、耗材使用,让训练处于高消耗状态;有的操作对初学者人身安全造成一定威胁等。

想让机务人员对装备从陌生到熟悉,再到亲密,既要从难、从严、从实战出发全面系统地推进训练,又要想尽办法解决装备昂贵、复杂带来的羁绊,做到"训练实效做加法,训练成本做减法"。为达到此目的,用于部队机务训练的各类仿真模拟器,以全面充分、高仿真度的人机交互优势被大范围应用。

模拟器,在总体设计上综合运用了图形图像控制、交互式三维图形控制、虚拟仪表、网络数据交换、音频实时控制、多线程数据采集、专家评判等多重技术。它是飞行模拟器的简化版本和再拓展版本,可以将传统的上机实际操作训练部分移植到维修模拟训练设备上来完成,常常用于新入职人员上岗前"入职先淬火"或者接触新机型"精益求精"。

硬件平台主要由仿真舱、监控演示台、中心控制系统、电源系统和音响系统等组成,软件系统主要由系统主控模块、专业控制模块、专业操作模块、故障状态训练模块等组成。软硬件的有机结合,可以实景模拟作战环境、作战过程和武器装备的作战效应,保证模拟座舱内的所有设备、仪表以及操纵状态都保持与真实飞机基本一致。综合来看,具有以下三个特点:

(1)以1∶1实物仿真座舱为平台,采用软硬件仿真和信号模拟技术,通过逼真的座舱环境对维修操作进行真实的动态仿真;

(2)模拟发动机起动、额定、加速和减速以及故障的声音;模拟各种机载液压表、转速表和排气温度表等的状态;模拟发动机试车、特情处置、故障排查和通电检查;

(3)实现机务人员维修训练大纲要求的相应训练科目和内容,并对实际操作效果进行考核评判,有效提高机务人员的维修保障能力,最大限度地避免装备的人为损坏和节约训练经费。

由此可见,模拟器作为一种重要的航空仿真设备,与传统的实体设备训练相比更安全、更经济、更系统、更灵活,它解决了新装备较少甚至无实装与部队训练需要的矛盾,对扩充训练科目、增加训练频度、减少实装的非战斗损耗、节约训练经费、缩短训练周期等具有显著的军事效益和直接经济效益。身临其境般的实战体验,让长期困扰机务人员的诸如机型培训针对性差、实战性不强等问题得到彻底改观,且便于模拟真实飞机不容易做到的故障现象。此外,还不受场地、时间和天气等因素影响,可和实体设备组成半虚拟半物理的混合训练方式。

各部队在未来作战中担负的任务不同,针对训练的模拟器设备必然会有差异。按照复杂程度,模拟器可划分为基本技能训练器材、分专业维修训练模拟器、综合维修训练模拟器,以及用于开展虚拟训练的相关器材;按照模拟仿真的方式,可以分为实装模拟、部分实装模拟和虚拟仿真相结合、虚拟仿真和基于网络的分布交互式综合仿真四种方式。

与真实的航空装备一样,模拟器设备同样具有结构复杂、价值高、操作步骤多的特性,涉及机械、电子、通讯、自动化、计算机、控制、数学建模等多门学科,分为机载干扰吊舱、数据链系统、飞行控制系统、仪表特设系统、导航系统、雷达系统、软件和无线电系统等。

第3节 训练评估的基础要义

强军兴军,要在得人。机务维修工作一手托着战友宝贵生命,一手托着国家巨额财产,责任重大。这要求每一名机务人员必须经过严格的培训方可进行具体的维护和修理。在人力资源开发领域,培训、训练是向受训人员输入信息和知识量的重要途径,它通过补缺、创新、挖潜等"投资",促使人力资源不断向人力资本和社会生产力进行转化。

作为机务维修人员培训的重要组成,航空装备模拟器训练实现了从"实装训练为主、模拟训练为辅"到"实装训练和模拟训练并重"的升级转变。以"既不让人才等装备,也不让装备等人才"的前瞻性思维,真正把模拟装备打造成部队的"第二装备",实现人与装备的高效融合和战斗力的快速生成。

航空装备维修保障人机训练的精细化和规范化,决定着机务维修能力的高质量和深发展。伴随着航空装备维修保障人机训练的不断深耕,在组织进行了一系列模拟器训练和革新后,另一些相对棘手的问题随之浮出了水面,具体包括:

·人机训练的体系与框架,是否与预期的战斗力提升目标相适应?

·训练选择的时机是否合理?

·不同行动任务目标下部队训练有哪些需求指标,有没有在训练中体现?

- 培训对象是否能学以致用?
- 这项训练助推了多少训练成果的"落地"和部队战斗力的生成?
- 作为培训对象的机务人员,距离培养德才兼备的高素质、专业化新型航空机务人才,还有多远?
- 人机训练的组织、管理方法,是否科学有序?
- 人机训练结束后,应该针对哪些指标进行优化调整?

……

所有这些与训练相关的疑问,都指向了同一处——训练评估。训练评估,是针对"训练"这个前提,延伸出的包括训前评估、训中评估和效果评估在内的反馈性思考。它通过运用科学的理论、方法和程序收集数据,将评估与整个组织的需求和目标联系起来,最终确定训练项目的价值和质量。其宏观目的在于使训练组织方或者管理者,能够明确培训项目选择的优劣,了解预期目标的实现程度,为后期培训计划及项目的制定、实施等提供有益的帮助。

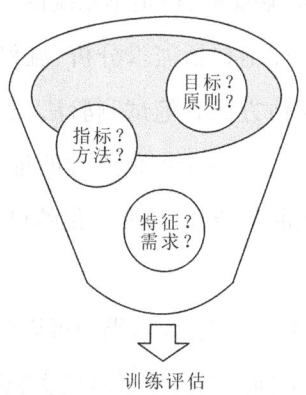

图 1-2 训练评估中的典型问题

机务人员训练评估实施的优越性,在于对参与评估的每一方都具有引导与示范作用。对于受训人员而言,能促进人员在机务实践中学以致用,表现超乎预期的再接再厉,表现欠佳则依照"跟踪机制"持续转化培训成果;对于训练组织者而言,便于全盘把控训练节奏,对训练本身进行动态调整及可持续推进；对于管理决策层而言，在评估成果的"指挥棒"作用下，更容易为机务人员评先评优、选拔任用、调配交流提供依据，激发受训人员主动参与培训的热情和积极性。

在军事训练中全方位、多层次的引入"训练评估"这一实践型探索机制，并不是简简单单靠一次培训、一次考试或者几次练兵就可以突破的，也不是一朝一夕就能解决的，而是要求部队的管理者必须从顶层设计决策，细处实处落脚，由点到面分类施策，综合推进，形成合力。继而构建人机训练评估体系，形成可持续发展的长效机制及训练闭环。

1.3.1 训练评估的机理

训练评估是管理的重要手段。其从根本上反映了组织目标和管理原则，强化了组织对受训人员行为的期望，并将组织愿景、管理制度、组织文化等组织信息传递给受训人员，达到正面引导受训人员心理和行为的作用。应当说，没有训练评估，管理是有缺憾的，也是不系统的。

从组成上看，培训绩效评估包括需求分析、流程设计、具体实施、效果评估、撰写报告几个层次。评估方法有笔试测验法、实操测验法、观察法、提问法（面试法）、案例测验法等。每一个评估流程的推进和方法的选择，都与课程内容的关联性、目标达成的复杂性、数据量化的可视性、团队努力的支持性等息息相关。

就训练评估的目的与类型而论，评估类型可以分为形成性评估和总结性评估。形成性评估适用于培训需求分析至培训实施阶段，主要探究各阶段实施的细节及成果（学习计划、教材配套、教学方法等）是否有所缺失。总结性评价主要是训练结束后衡量培训课程的效果、效率、价值或者贡献率，并决定受训人员和课程的改进方向，以及所学应用于组织运营的整体绩效。

通过科学的训练评估，可以抽丝剥茧地发现事物运行的规律、经验，还能发挥"探头"作用，主动出击发现问题。有效的绩效评估，可从以下七个方面贡献智慧：

（1）正确、合理地评价培训效果，以便了解某一项目的实施是否达到了既定目标和要求；

（2）对影响指标、因素进行分析，判断受训人员知识技术能力的提高或行为表现的改变是否直接来自训练本身；

（3）客观地评价培训人员、受训人员的表现；

（4）为管理者决策提供所需信息，管理者对培训结果的重视，促进其他人员对培训的重视，上行下效形成正能量的示范效应；

（5）运用评估效果归纳培训的经验及教训，以便今后改进；

（6）帮助审视培训活动的支出与收入效益，有助于合理配置培训资源；

（7）发现新的训练需求，为下一次的训练提供重要依据与指导。

通过以上梳理，可以发现关于训练评估有三大关键"支点"：首先，训练评估不限于对培训效果的"检验式"评估，而是真正建立起"分析式""改进式"的评估系统；其次，训练评估是一个动态过程，它上溯前一轮训练的结束，下追新一轮训练的开始；最后，训练评估与训练本身并不是相互割裂的，也不应该被淡化为可有可无的存在，而是作为培训、训练链条上的关键环节，外化为长期、持续的"检验"和"纠偏"过程。

1.3.2　军事训练绩效评估

航空装备日趋复杂的新格局下，诱发事故的"第一件事"到导致事故发生的"最后一个事件"之间的环节增多了，即事故的"事件链"变长了。航空装备技术保障过程中的不可控事件和不确定因素增多，微小偏离可能不会引起技术保障质量的下降，但多个微小偏离的累积式叠加就可能会引起保障质量的下降或重大事故的发生。所以，针对军事训练的评估，往往受到评估对象的多元性和评估类型的多样性影响，实施训练评估的复杂性、困难性也大大增加了。

基于军事领域的训练评估,其基本内涵是坚持以考核大纲、战斗条令为依据,以诸军种师、旅、团等作战单元为评估对象,以各类训练为评估样式,以战斗力构成要素为基本内容,以检验信息化背景下的部队作战能力为重点,围绕主要作战任务、战斗力建设和作战效能,对受评对象进行成建制的评析和估量。《中国人民解放军军语》将训练评估定义为"对训练的评价和估量,包括综合评估和专项评估,通常在一个训练阶段或训练周期结束后进行"。

与广谱的军事训练评估不同,我们所讨论的航空装备维修保障人机训练是专门针对机务维修人员群体设计的。人机训练,可以通过模拟设备人机界面,将"人""机"之间的信息、能量、物质进行交换。在进行交换的过程中,显示在人机界面上的信息量成倍增加,显示出了一种综合作战能力。对这种综合作战能力的分析,可以更立体、更精准地针对机务群体,查找战斗力建设的薄弱环节和原因,是军事训练评估中的一部分。

新时期背景下战争形态日新月异,只有通过一系列考核的机务人员,才能上岗实训,迅速补充到阵营中去。为锻造接轨未来战场的机务人员队伍,部队管理者需要不断改革训练机制,提高人机训练质量,让机务人员迅速掌握新装备、适应信息化、解锁新技能。人机训练的不断加码,对缩短机务人员培养周期、提升空军部队战斗力有着重大意义。

但与此格格不入的是,占据重要地位的训练评估体系尚显"松散",缺乏针对性的支持系统及评估细则。尤其是在实际训练过程中,越来越多的部队管理层逐渐意识到:如果没有专业化评估体系的"灯塔作用",那么机务人员岗位的训练效率往往难以实现预期;如果只是对以往训练评估的强硬套用,只会适得其反,造成评估组织资源的浪费。

研究航空装备维修保障人机训练评估课题,彰显着贯彻重要指示的时代特征,承载着训练理论与实践双向同构的迫切需求。那么如何探索一套与信息化条件相适宜,既科学合理、全面灵活又简便易行的人机训练评估模型呢?这就意味着要从根源上按图索骥,从现状中扫描漏洞,对人机训练评估的问题和需求进行剖析。

第4节 人机训练评估的问题

有效的人机训练评估,可将机务人员的综合素质进行可视化输出,提高飞行安全、降低人为失误率、优化显控设计,保障空军在信息化和智能化条件下的威慑和实战能力。但是此前曾有调查数据显示,有一部分训练管理人员对培训绩效组织参与不积极,甚至存在抵触情绪。事实上,只要稍加理性分析就会发现,之所以会出现这种错位现象,内在诱因在于他们对人机训练评估的方向、重点、途径研究不透,没有深层次认知培训项目绩效评估的重要意义。此外,评估自身也存在着各种各样的问题,导致训练评估在认知和执行层面,都面临着容易迷路、掉队或走偏的风险。

认识层面,训练评估的实施机构普遍对训练前的意义阐述、训练的组织实施重视程度高,但对训练效果的分析与评估却三言两语轻轻带过,影响了部队装备保障的全面建设。有些部队编制体制中,没有专门负责训练考核与评估的专职机构,组考人和组训人职能模糊不清,训考不分家。有些管理者对评估认识不足,担心评估引发的批评会对受训人员、组织者以及部门造成一些不必要的矛盾,怕出问题、担责任。即便是意识到了问题所在,但由于没有一套系统完整的、适合机务人员岗位的培训评估理论体系,条块分割现象比较严重。

执行层面,有些部队对装备人机训练的考核评估仍停留在传统模式,对偏难科目的考核评估难以下手,组织程序复杂、效率低下,缺少科学的评估原则和计算机辅助评估系统。重复性考核多,临时备考、多次备考会影响部队的正常战备和生活秩序,逐年升级、拓展深化、灵活变动的考评机制尚未建立,按纲施训落实还不够彻底。评估方法颗粒度大、维度少、主观因素强,缺乏相应的思路,所学内容不能转化为工作技能的情况普遍存在。甚至有些评估观念还局限在普通教育的浅层次认知上,没有使用"实战"思维从常规评估转向军事职业教育,导致机务维修人员的职业技能和专业素质提升受阻。

1.4.1 评价粗放,缺乏标准

训练评估工作是管理者、培训组织者、培训教员和受训人员共同关注的焦点,由于各方"站位"不同,使得评估在找"平衡点"的过程中比较随机。尤其是每个工种和设备都有着独一无二的个体属性,各岗位培训的目标不一而足,绩效评估结果自然也存在差异。根据临时制定或者小范围设计的绩效评估指标进行评估,难以体现机务岗位训练中的个性化指标,更谈不上借助评估工具来反映训练实质。

有的部队或者院校,针对训练效果评估系统进行了较为详细的研究,但仍然处于探索阶段,评估理论固化、过于片面,评估设计粗放简单、自成一体,评估方法缺乏标准、参差不齐。缺乏一套完整的、具有可操作性的绩效评估体系,使得各单位在考核标准的使用和实施上容易混淆,没有凸显出空军机务训练的个性化特点。

在评估过程中,面对确定评估项目、设计评估流程、建立评估指标体系、选择评估工具、选择评估实施时机、评估报告撰写等细节问题时,有的部队常常处于不知从何处下手的尴尬境地,无功而返。为了"走捷径",只能在训练中生搬硬套一些国外或者其他体系的评估方法。这些方法的可扩展性和通用性较差,强行套用反而会使评估陷入"水土不服"的窘境,评估结果也难以在较大范围内共享应用。

总体而言,训练绩效评估在统一标准上面临着三大难题:研究的理论视角得不到迅速转换、研究的标准缺乏统一容易混淆、研究的分析框架得不到适时更新。

1.4.2 维度较少,以偏概全

作为训练评估的对象,当前的机务维修群体的文化水平参差不齐。很多评估者会不自觉地戴上有色眼镜来审视他们,认为他们对知识的集聚能力、对训练的思考能力、对技术的适应能力均存在局限。在见微知著的军事训练中,这种"傲慢与偏见"十分危险,会对全面、多维度的真实评估造成羁绊,需要时刻警惕。

梅须逊雪三分白,雪却输梅一段香。将目光微聚到机务人员个体时可以发现,每个人都有着自己擅长的领域。有些机务人员履职尽责、心细如发,适合从事飞行一线维护,包括飞行前检查、日常维护、专项检查、故障排除等工作;有些人擅长右脑形象思维,在进行高新技术装备的模拟学习时会很快形成记忆,便于遇到故障时迅速进行排查;有些具有过硬的心理素质,通过方寸屏幕能迅速判断突发特情,果断进行战场决策。如何扬长避短利用优势,激发机务人员的学习潜能,是有效评估的关键所在。

除主观因素影响外,维度少、以偏概全还源自评估过于片面:重分数轻能力、重共性轻个性、重知识轻素养、重结果轻过程。

有的以教学内容、授课质量、考试成绩等分数为主进行评估,分数与训练绩效呈正相关,但并不是决定机务维护工作质量高低的主要因素,战场上更不是靠分数来掌握主动权的。没有确立以"能力测试"为中心的多元化测试观念,就会忽略日常管理、后装建设、单位凝聚力等指标对建设成效的影响。

有些评估"站位"不准,以点带面,只是从受训人员角度对受训人员的理论掌握、行为改变进行评估,没有对教员授课能力、教材内容、培训环境、培训组织综合审视。使得受训人员挖空心思应对训练考试,产生的评估结果价值缺位,违背了训练的初衷。

更糟糕的是,评估本身作为一种"诊断",最终会形成机务人员在人机训练绩效中的"成绩"。评估方法存在漏洞,评估效能被禁锢,评估"成绩"的可信性自然大打折扣。如果机务人员拿着这个"成绩"对号入座,很容易对自身的训练情况产生错误认知,无法针对性地提高业务素养。

1.4.3 颗粒度大,不够精细

人机训练评估,是一个多因素、多指标、多动态的复合体,由一系列的评价指标相互嵌套而成。形成评估结果时,训练过程中的考核数据是保证评估客观、科学和有效的基础,起着举足轻重的作用。这些数据大多数来源于考试答题、模拟器操作、自我评价、课堂表现、课题研究、小论文写作、任务型科目等渠道,表现为硬数据和软数据两大类。

其中,硬数据是客观的,易于度量和分析,往往通过考题、试卷来判断机务人员对原理知识点的掌握程度。答题方式有选择题、填空题、判断题等题型,评分标准相对固定,操作起来简单、直观。这种方式作为检验教学效果的一大手段被广泛使用,对教学训练起到了很好的反馈、调整、促进作用。软数据是对机务人员在训练过程中的素质测评,主要由领域专家、教员或检查员进行人工打分,根据单个人的描述取得。

相比较于对错易于判断的考试题目,人工测评打分没有统一标准,过分依赖评估人员的偏好与情绪等主观因素。评测过程容易受到晕轮效应、刻板效应、宽大误差、趋中效应、第一印象、近因误差等人为心理效应因素的干扰。当上级的心情比较舒畅时,可能对评估比较宽松,背离了机务人员绩效评估的真实目的。当上级对某个下级有负面的看法时,这种态度容易在评估结果中体现出来。有的评估人员与被评估对象之间存在着复杂的人际关系,诸如个人情感、权力争斗等,使得评估结果失真。还有的评估者喜欢充当"老好人",存在平均主义倾向。数据弹性大,得到的评估结果自然颗粒度大、离散度高、精细度差。

作为军队人力资源管理与开发的重要手段之一,部队机务人员岗位培训的实践性特点决定了所获取的评估定性的多、定量的少。如果在数据源头就没有精耕细作,实现普适意义,那么无论评价指标和方法设计多么合理,评估结果仍然是粗糙的、不可信的。

1.4.4 统计不准确

电商领域,有一个耳熟能详的词语叫作"用户画像"。广义上的"用户画像"是企业从各个渠道收集用户信息,包括人口属性、兴趣爱好、购物偏好、社交属性等,再将所获信息进行人格化分析,为每一位用户打上专属标签、提供针对性服务。其技术特点是通过基础数据采集、数据清洗聚类、分析建模,实现数据产出与结果呈现。同样,作为对机务维修人员训练绩效的"画像",人机训练评估也遵循着这样的数据逻辑。

为提升机务工作效率,各部队相关管理机构借助信息技术,开展了大量的数据库建设、完善案例及程序手册修订工作,使整个信息系统能够迅速、方便、准确地调用和管理所需要的数据。建立数据库及其应用系统,是信息系统开发和建设中的核心技术。国内也有不少基于装备保障系统的数据采集与分析系统建模的研究,但是受业务管理流程、数据描述规范、数据处理技术、软件设计平台等影响,计划、措施的"输入"到训练结果的"输出"之间的不确定因素被放大,对军事训练的监控、判断、评价带来了一定的不利影响。

在数据收集和记录阶段,数据库里的存量越丰富,变量越小,统计意义越明显,对仿真训练和实战演习的参考价值就更大。针对仿真模拟设备,如何把具有几十个或者上百个仿真节点分布式虚拟环境中的所有数据无一遗漏地记录?以怎样统一的数据采集格式来保存数据?实际运用中,许多评估采用的方法比较单一,没有综合运用问卷调查、笔试、口试、访谈、现场观察、训练绩效监测等手段,很多细节成为"灰色信息"而无法观测。或者针对已经收集完成的数据,未养成及时统一、有效记录的习惯,"没有记录,就没有发生"。

完整采集、记录数据后,需要对其进行必要转换,并加以相关信息,以便于数据分析、仿真重演。这是一项极其专业的工作,需要在定性、定量双重属性下实现指标的具体、可测,如果不具备科学、清晰的分析体系,就不可能细致、准确、实时地获取军事训练过程中的细小"痕迹",无法真正掌握军事训练的动态规律。

即便是完成了一系列收集、记录和统计工作,那么更大的"拦路虎"出现了:如何对已获得信息进行分析、加工,以"破解"用户数据特性、数据之间的联系、数据本身性质、数据加工的逻辑次序等?在这一环节中,一旦缺乏专业思路,就会使得数据背后隐藏的客观性和普遍性规律"石沉大海",限制军事训练和战斗力建设向更高层次发展。

1.4.5 预测不科学

人机训练评估是对军事训练识别、分析和评价的全过程,包含着为未来决策提供依据信息的展望,也就是预测。预测的目的,在于通过科学的目标、指标、模型、算法等体系,控制随机性以及减少无知的程度,进而绘制出军事训练发展演变趋势。

预测方法按照其性质可分为定性预测和定量预测两种,为剔除预测过程中存在的"摇摆因素",更好地描述评估目标的整体涌现性和动态演化,需要及时引入"评价指标"这一工具。机务保障系统的复杂性和保障任务的多样性,决定着效能评价指标不是单个明确的效能指标,而是一组效能指标,也不是越多越好,重点要与装备的综合保障评价指标体系设计指导思想一致。由于缺乏相应的指标体系和模型算法,传统预测大多是凭借"老经验"和"新想象"来定性,经验思维占比较重,科学性的定量有所欠缺。

比如,有些评估者缺乏与时俱进、主动提高授课质量的能力,对新型武器装备、模拟设备把握的不够准确,以惯性思维因循守旧,将固化的经验主义当作方法论,评估指标设置不合理;在获取合理指标后,有的评估者对模型算法的套用不够灵活,缺乏实战性与针对性,评估的权重向量不明,评估的结果偏离目标,无法构成指导训练的充分条件等。

此外,由于受训机务人员在培训中学到的知识技能应用到实际工作中,需要一定的转化时间,因而评估时机的选择也非常重要。评估时间过于提前,培训成果还没有得到转化就进行评估,没有遵循培训评估的客观规律,就会得不到真实客观的评估结果。评估时间过于推迟,则不可避免会产生人员调整或者新的工作冲击等变量,影响总结评估效果。

第5节 人机训练评估的原则

通过对人机训练评估探讨,可以发现,传统评估存在着五个亟需破解的难题,分别是评价粗放、缺乏标准,维度较少、以偏概全,颗粒度大、不够精细,统计不准确,预测不科学。这些问题涉及评估的各个环节,如同"噪音"般,对评估成果的有效性不断造成干扰。

针对这些难点问题,厘清交互关联、级级追溯、层层归因后,即可实现可靠的评估设计原则。即:全面、精细评估;准确、智能评估;科学、公正评估;能力、素质评估;眼前、长远评估;组织、管理评估。这六大原则缺一不可,应串联整体,并贯穿于评估工作始终。

1.5.1 全面、精细评估

全面、精细的评估,是在部队实战需求"呼唤"下应运而生的。全面,是以综合素质考核为中心构建多元化的考核体系,从各个角度反映评估对象的全貌;精细,是将过去极其感性、抽象、不可计量的事物,转变为理性、具体、可以量化的数据信息,变模糊的直觉判断为精确结果,从而揭示过去军事训练中无法发现的细节。全面、精细,分别以宏观和微观为抓手,力求围绕重点、精细实施、点面结合、整体推进,让人机训练评估发挥出指挥棒和风向标的作用。

评估全面性,涵盖了评估标准要全面、收集信息要全面、评估内容要全面、评估流程各因素间的互动要全面等几大要点。评估开展前,要由相关训练机构统一筹划,全面贯彻与新大纲内容标准相适应的考核评估机制。加强对训练考核的总体实施,建立完备的考核评估制度及配套措施。针对具体的施训项目,要结合实战要求和战备任务,明确考评规模、内容、形式、环境等综合因素,同时要抓好全程监控和闭环控制管理,通过看、听、问、记、查、录等方式,全面、准确地记录单位考核评估信息。

评估的精细性,决定了要选取与航空装备维修关联度高的典型指标,建立明确、具体、可量化的整体性指标体系,最大程度消除评估中的不确定因素。继而针对各级指标进行权重配比,以数据驱动管理决策,增强考评的权威性。权重确定是一项更加精细的工作,要求评估者对军事训练了然于胸,避免人为主观臆断。

从范围上来看,全面性是"海纳百川",不遗漏任何一个关键点的广度延伸,精细性则是落实具体化、明确化的一种纵深思维。两者各尽其长、良性互动,从广度和深度上为评估提供了矩阵式的助推力量。啃下全面、精细评估这块硬骨头,是建立、健全长效评估机制的根基所在。

1.5.2 准确、智能评估

数据是信息化发展的新阶段,全球数据的爆发式增长及海量集聚,让各国都把推进数字化作为创新发展的重要动能,在前沿技术研发、数据开放共享、隐私安全保护、人才培养等方面进行了前瞻性布局。在智能手段的干预下,大量结构化、非结构化、异构化的数据能够得到储存、处理、计算和分析,全样本数据成为现实。机器也从自然思维逐渐转向智能思维,甚至像人一样主动、立体、逻辑地分析数据,提供动态监测,做出准确判断。这些让评估者欣喜地发现,完全可以站在更高的层级审视问题全貌,甚至从曾被淹没的数据中发现藏匿的有趣信息。

作为产业界和学术界广泛关注的焦点,智能化在医疗、教育、商业、体育等领域风生水起。2014年的世界杯,德国队以7场不败战绩再享冠军荣光。帮助德国队获胜的"秘密武器"之一,就是一款名为"Match Insights"的足球解决方案。通过这套方案对球员跑动、传球、射门等数据进行及时捕捉和分析,为评估球员表现、优化战术、确定最优阵容、球员位置、替换时间、战术协同等提供了依据。

信息化、智能化条件下的军事训练,打的是信息,靠的是网络,拼的是数据。传统评估主要集中在显性、总结性的评价,要求评估者本身具有统计学、数学、信息科学等专业知识,评估信息的采集、处理及分析自动化、智能化程度较低。再加上部分评估与现代技术接轨不够,对考核评估系统以及相关的软件研发不够,导致评价成本高,反馈时间长。

站在数据"肩上"的智能化评估,是嵌入式、伴随式、隐形性的评价,能"潜入"训练日常,从真实情境中对受训人员进行评价。智能条件的创造,对于部队训练规律研究、实战环境模拟、训练质量评估、管理效益等的提升作用不容小觑。它将难题留给了数据和人工智能即时反馈,更多的要求评估者具有多学科背景、创新思维以及敏锐洞察力。

1.5.3 科学、公正评估

科学评估,是一个发展中的动态概念,也是一个综合概念和集合概念,内涵丰富,内容庞杂,范围宽广,动态变化。一套合理的培训系统,要根据训练大纲合理制定考核评估内容,以"坚持领导带头、以上率下,坚持实战实训、联战联训,坚持按纲施训、从严治训"为科学指导。

军事范畴中,人机绩效训练是由确定培训需求与目标、拟定培训方案、组织实施培训、培训绩效评估等组成的,各部分之间环环相扣,彼此影响。因此,每一个环节的设计都要充分纳入科学考量。除军事共同科目外,不同岗位的专业设置、所设训练科目有所不同,在不同任务、不同时节中的训练水平应得到充分检验。不能一个标准、一个机制包打天下,也不能重复性考核,或者临时备考,影响部队的正常战备和生活秩序。评估前要开展训练法规宣贯、宣传科学的训练考核评估理念,让官兵通过科学的考核评估理念,养成科学的意识和习惯。

设置评估指标体系时,需保证每一项指标都具有充分内省与可靠性,相关性太小的要素不应该在同一层次比较。同一层次的各个指标相对独立,指标间不互相重叠,不存在因果关系。关于评估指标的表述应尽量清楚、规范,避免让机务人员对指标的理解产生歧义。分析指标时,应大量运用统计学、数学、经济学、心理学、计算机软件知识和技术,强化绩效评估的科学性。

公正,意为公平正直,没有徇私,内含一定的价值标准。受评估人员自身素质、社会背景、个人情感等错综复杂的影响,评估往往会在不经意间失去客观性和真实性。评估主体的多元化、评估方法的综合化、数据收集的规范化,会让绩效评估具备公正属性。以评估对象为例,应形成培训教员、受训人员、小组成员、管理层、专业评估机构等多元化评价主体,尽可能真实、公正地反映出培训效果。

1.5.4 能力、素质评估

空军始终把机务人员队伍作为战略转型的基础力量,从"选、训、用、管、退"全链路锻造打仗型过硬的机务人才队伍。集高难度技能、高体能消耗、高风险压力于一体的特性,决定着机务人员的能力、素质,不限于一般意义上的动手能力、操作技能,还涵盖了与本职业、本岗位密切相关的理论知识、心理素质、爱岗敬业、维修作风、职业道德和行为规范等多方面。能力和素质的培养,贯穿于机务人员训练的始终。

任何一门培训课程或者训练阶段结束后,训练组织者都应该从受训人员的能力和素质两方面入手,双管齐下进行评估。既要有"对战斗胜利负责、对战友生命负责、对国家财产负责"的精神,诠释"战鹰守护神""机务工匠"的责任与担当,又要心有猛虎、细嗅蔷薇,拥有准确细致的工作作风和泰然自若的心态。

通过能力、素质评估,能激发机务人员爱岗敬业、争先创优、精武强能的热情干劲,帮助管理层明晰机务人员素质发展的递进路径,形成更加强大的凝聚力和竞争力。值得提醒的是,机务人员人机训练的评估,重点需要表现的是"以人为本"这一原则,重视人、尊重人、爱护人和激励人。高标准地择优和引入竞争机制的同时,也要突出人员个性和职业针对性,将数量优势转换为发展优势,培养出一专多能、训练有素、有着钢铁意志的机务人员队伍。

1.5.5 眼前、长远评估

当前,机务人员队伍的规模结构发生了重大变化。从队伍建设现状看,高学历、高技能的机务人员比例不高,队伍结构不够合理,整体素质参差不齐。尤其是作为"兵头将尾"的部分军士骨干队伍,不同程度地存在着组训能力偏弱、训练方法单调、示范效果不佳等问题,与部队训练需求还不够适应。立足当前,要求人机训练评估结合现代战争的特点要求,从机务人员岗位培训的实际需求出发,以岗位历练、任务淬炼督促机务人员跳出绩效看差距。紧跟改革发展和新军事变革的步伐,以科学的绩效来引导机务人员的合理流动和优化配置,帮助管理者准确筛选出高素质的机务人才,并迅速补充到队伍中去。

未来,战争不再是传统意义上的三军联合作战,而是陆、海、空、天、电等多方面共同参与的多维一体化作战。长远评估,意味着要在"教为战、研为战、学为战、练为战"的指导下,将训练考核评估进行定期化和制度化的扩充,全面、准确、及时地了解部队装备保障训练状况及发展趋向,纠正训练管理工作中存在的问题。坚持未来战争需要什么就训练什么,努力让今天的人才准备明天的战争。

1.5.6 组织、管理评估

实施人机训练评估的过程及评估推进,主要依赖于组织与管理的框架。针对这些场景,如果没有赋予其能够促进培训成果转化的良性互动,那么再完美的训练评估、再周密的评估计划,都只是空中楼阁,永远停留在一个计划、一个设想上。

现有评估环境中,部分机构组织与管理架构相对松散,存在着诸多阻碍受训人员进行培训成果转化的因素,包括组织不及时、管理者不重视、没有转化氛围、责任心不强、缺乏自我提高的意识等。还有些管理层或者训练组织者,认为培训评估是软指标,搞不搞都行,对个人晋升和荣誉获得没有多少帮助。组织评估的积极性不高,进而导致训练绩效的推进浅尝辄止,不能深入进行。

训练组织的落实,牵扯着训练计划实施的管理流程、多样化手段和方式、日常训练活动的开展和记录、训练信息的定期发布、训练日程的更新和通知、相关部门的沟通配合等各方面的内容。通过组织效能的即时反应,受训单位和个人能快速明确自身薄弱环节。同时,组织行为本身的有效性也会在组织过程中充分体现,构成组织评估的高阶导向。

在组织中,直接参与和帮助他人工作的人是管理者。管理者的地位和知识,决定了其是能实质性影响该组织经营及达成成果的能力者。现代观点强调管理者必须对组织负责,而不仅仅是监督指导。这就意味着管理者在忙于开发或者盯紧各种培训项目的同时,亟须在培训评估的文化和土壤上多下功夫。比如,开展形式多样、内容丰富的管理创新,让机务人员主动认识到武器装备信息化建设及训练评估的重要性;学会欣赏受训人员,激发机务人员的创造性和归属感等。

综本章节所述,人机训练绩效评估作为军事训练的重要组成部分,是检验训练质量的"试金石",是新型作战力量生成的"促进剂",是实战化训练深化发展的"助推器"和"检测仪",体现着实战化训练形势的迫切需要。

建立一套科学、全面、统一的人机训练评估体系,需紧紧围绕评估的六大原则,力求以更多维度来评价训练过程、更精细的手段分析训练效果、更准确地统计进行宏观分析,以及更科学的预测进行模拟训练的指导工作。那么如何快速构建一套基于人机训练的适用性评估体系呢?这就需要引入"评估模型"这一理论,从已成熟的评估模型中寻求到破题人机训练评估体系的关键思路。

第 2 章
训练绩效评估理论的一般方法

德国学者赖因哈德·施托克曼的《评估学》一书中,曾对评估在现代社会中的角色及其发挥的社会职能进行了概述,提出评估必须注重专业标准和科学基础,并在两者之间兼顾平衡。如今,"评估学"已经成为一门专门的学科,并迅速发展成为超学科的显学,进入到社会议题、企业培训、市场调研、学习评估、消费选择等领域。

小到日常生活中选择性问题的解决,比如高考结束了,应该选报哪所高校?已知今天空气中几种污染气体的浓度,如何确定空气质量等级?下定决心要去买车了,有几个备选的车型,但是只能选一个,该怎么选择?这些都属于典型的评估类问题,其目的是通过设定边界条件,对已知事实、变量因素进行思考,择优选取,形成有价值的看法、见解、评价。

大到公共管理、学科发展、社会研究等专业领域的应用,比如,数据分析与评估技术在智能交通领域,改变了交通管理者的管理思维和手段,有助于缓解交通拥堵、减少交通事故;加强对健康医疗评估体系和保障体系的研究,便于开设相关试点探索,推动制定与国际接轨、符合中国国情的标准体系;甚至包括与国家治理体系建设相关的政策评估,也是健全决策机制、提高政策质量、优化政策效果的必然要求。

评估在实践中的广泛运用,决定了评估所处的业务场景极其复杂。为清晰地刻画场景特性,将复杂问题成果化,粗放表达精细化,各行各业纷纷以"评估模型"为驱动进行了深入挖掘。2007 年,美国评估大师斯塔弗尔比姆(Dr. Daniel L. Stufflebeam)率同 25 位作者,通过《评估模型》一书,详细地介绍了问题/方法取向、改善/问责取向、社会议题取向等不同类型的 22 种评估模式,并推荐了 21 世纪最适用的几种评估模型。

作为培训闭环管理系统中的一个重要单元,培训评估同样是国内外众多学者的关注热点。基于各自所处的社会时代诉求、研究领域,学者们对培训评估进行了从项目、现状、反馈、过程、效果、设计到意义的全方位梳理,逐步形成了体系化、可供参考的培训评估模型。评估模型的崭露头角,最早可以追溯到 1959 年。在 60 多年的发展历程中,各培训评估模型不断促进、长期共存,并伴随着商业触角和社会组织的延伸,得到了有效推广、论证与使用。

由于国外对评估模型的研究起步较早,因此目前常见的训练评估模型主要是基于国外理论建立而来的。比如,柯氏四层模型、CIRO 模型、CIPP 模型、Philips 五层模型等,它们产生的时间不同,评估方法不同,在实践中也各有侧重。

将评估模型按照发展历史脉络和方法路径来分析,可以清晰地发现其存在着两条主线。一条是以 Donald. L. Kirkpatrick 模型为主的层次评估法,一条是以 Stufflebeam 提出的评估思想和方法为主的流程评估模型(如图 2 – 1 所示)。此外,还有以满意效用比模型、技术匹配模型、舍贝克和科恩的效用公式等为主的结果类评估模型等。

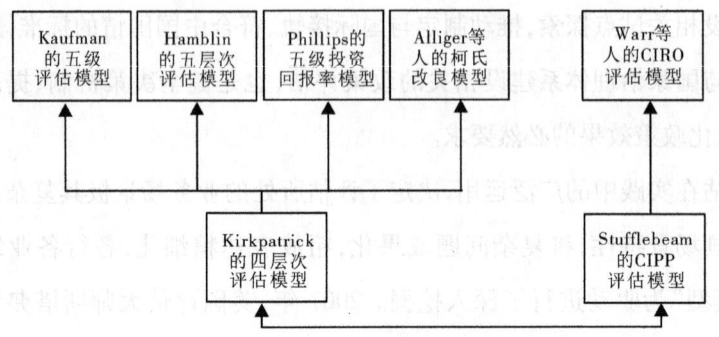

图 2-1　培训效果评估模型的发展路径

第 1 节　层次评估模型

浏览近年来的国内外文献可以发现,层次类评估模型的主要特点在于将培训效果进行形象化梳理,分为若干个层次,使对培训结果进行有效的评估成为可能。柯氏的四层次评估模型,以及以此为基础延伸而来的 Kaufman 的五级评估模型、Hamblin 的五层次评估模型、Phillips 的物资投资回报率模型、Alliger 等人的柯氏改良模型等,都属于层次评估模型。其中,最早出现的柯氏模型,是世界上应用最广泛的培训评估模型,在培训评估领域具有难以撼动的地位。

2.1.1　柯克帕特里克模型

1959 年至 1960 年两年间,美国威斯康星大学教授唐纳德·柯克帕特里克(Donld Kirkpatrick)在其博士论文和连续发表的四篇文章中,详细阐述了培训评估的四层次模型的思想和方法,并经此过后逐渐完善,形成了人力资源领域出现频次最高的"柯氏模型"。

柯氏四级评估的诞生有这样一个逻辑路径:从受训人员学习到回到工作岗位,就是一个输入和输出的过程。其主要以受训人员为评估效果的对象,把培训评价分为反应层评估、学习层评估、行为层评估、结果层评估四个层次（见表2-1）。

表2-1 柯克帕特里克的四级评估模型

层面	名称	问题	衡量方法
第一层面	反应层面	受训人员喜欢该项目吗？对培训者和设施有什么意见？课程有用吗？他们有什么建议	问卷
第二层面	学习层面	受训人员在培训前后，知识及技能的掌握方面有多大程度的提高	笔试、绩效考试
第三层面	行为层面	受训后受训行为有无不同？他们在工作中是否使用了在培训中所学到的知识	由监工、同事、客户和下属进行绩效考核
第四层面	结果层面	组织是否因为培训经营得更好了	事故率、生产率、流动率、质量、士气

第一层是反应层评估，主要评估受训人员对培训的总体感受和反应。包括受训人员喜欢该培训模式吗？课程对自身是否有用？对培训讲师及培训设施有何等意见？课堂反应是否积极主动？在这一层面，需要确定调查的目标、设计可以量化反应的条件、鼓励受训人员写出意见或建议，并根据标准评价切实地沟通反馈。

第二层是学习层评估，主要测量受训人员对知识、技能操作、态度等培训内容的理解和掌握程度。询问的问题包括受训人员在培训项目中学到了什么？培训前后，受训人员知识与技能方面有多大程度的提高？该层次强调对学习效果的评价，也有利于增强受训人员的学习动机。

第三层是行为层评估，考察受训人员培训结束后在实际工作岗位中的行为变化，以判断培训所学对实际工作的影响。询问的是受训人员在学习的基础上有没有改变行为？受训人员在工作中是否用到培训所学的知识？行为层评估发生在培训结束后的一段时间，如果培训结束后受训人员的行为没有发生太大变化，说明培训是无效的。

第四层是结果层评估，即上升到组织的层面来评价培训对组织绩效的影响，如工作结果的改变、工作质量的提升等。具体为行为的改变对组织的影响是不是积极的？组织是否因为培训而经营的更顺心更好？该层的评估内容往往是组织培训的最终目的，可以确定培训对组织整体的贡献率。

实际情况表明，针对这四个层次的评估，既是培训活动相关人员或组织最为本能、最期望得到的答案，也是培训活动及培训评估本身最能直接体现其价值和意义的基础性问题。四个层次，实施从易到难，是否评估、评估到第几个阶段，应根据培训的重要性决定。

在层级划分上，柯氏模型依据行为学的研究结果，由表及里，由观念到行为指导结果的变化规律，对培训评估效果进行了较为系统性、完整性的研究，具有较强的说服力。

此外，柯氏模型还表现出了一个最根本精髓理论——"以终为始"。柯克帕特里克认为，不管是做一两天的培训课程，还是一两年的人才培养项目，都是以希望达到的最终结果为基础，进入到所有培训工作的起始点。毫无疑问，柯克帕特里克提出的"四级评估模型"富有首创意义，它迈出了对培训进行规范评价的第一步。因此，柯克帕特里克的"四级评估模型"常常被称为是最经典、最著名的培训评估模型，并在许多国家的培训评估实践中得到十分广泛的应用。

20世纪90年代，柯克帕特里克和他儿子詹姆斯共同撰写了《如何做好培训评估》一书，专门阐述四级评估法。其最新修订版中提供了大量四级评估模式的应用案例，包括摩托罗拉、英特尔、思科等，内容全面，附有大量表格和工具。2009年，詹姆斯发表了一篇文章，纪念柯氏评估模型提出50周年，并就如何提升培训效果，对培训管理人员提出了新的见解，包括发现培训真正的目标、找到关键行为并为其匹配理论、建立培训计划和评估工具等。

目前,国内很多学者专家都认识到了柯氏评估模型的重要性,然而对柯氏模型的运用影响这一问题还没有作出全面、系统、深入的探讨,没有深入调查和全面总结柯氏模型评估在企业培训效果评估中的运用现状,使得这一论题缺乏企业背景和实践的支撑。因而,对柯氏模型的使用与内化,仍任重而道远。

2.1.2　Hamblin 社会效益平台模型

柯克帕特里克的"四级评估模型"虽因其经典意义而著称,但人们还是很快发现了其中的缺憾。它的不足之处在于:评估体系中考虑的因素不够全面,因素的确定带有一定的主观性;数据是根据个体描述取得的,会因个人理解存在偏差,容易造成混乱;不能把各个层次形成一个有机整体。对此,很多学者试图对这一基本的评估模型进行修正。

1974 年,汉布林(Hamblin)在柯氏模型的基础上进行了延伸,并且将其拓展为反应、学习、工作行为、收益、组织目标支持五个层次,分别为:

第一层是反应,该层次在培训过程中、培训结束后、培训结束后一段时间内进行,受训人员对一系列因素的反应都被考虑在内;

第二层是学习,在培训项目之前和之后进行,评价受训人员的知识、技能和态度的进步;

第三层是工作行为,确认由培训项目导致的受训人员在工作中表现的变化,在培训项目之前和之后进行执行;

第四层是收益,量化培训项目给受训人员所在部门、组织带来的影响,多数情况下,用成本收益分析的逻辑来分析最终评价;

第五层是组织目标支持,培训项目对组织盈利能力和对抗能力影响的大小。

Hamblin 模型的重要贡献在于提出评估培训对企业战略目标的影响,提出培训在设计时要考虑到培训项目会不会对公司的发展有利,能不能帮助企业实现经营目标。但是这个模型只是提出了一些思路,没有在怎样确定结果和计量方法上有大的突破。

2.1.3 Kaufman 五级评估模型

1994年,考夫曼(Kaufman)在研究过程中对"四级评估模型"作了两处重要的修改。首先,他认为培训能否成功,培训前各种资源的获得至关重要,因此扩展了柯克帕特里克"反应"平台的内涵,在其中增加了关于培训项目实现目标所需的资源基础和条件分析,即除了要了解受训人员"反应"情况外,还应对培训的"投入"状况进行考察,对培训所需的各种资源(包括人力、财力和物力)的可用性、可靠性和有效性等问题作出必要的说明。其次,增添了一个新的层级——社会效益平台。考夫曼指出,评估培训对企业周边环境会产生影响,包括客户、供应商甚至是竞争对手等相关者。因而社会效益产出也应该作为一个层次,来评估社会和客户的反映,以及利润、报偿情况。

经过扩充,他的五层模型分为可能性和反应评估、掌握评估、应用评估、企业效益评估、社会效益产出。因此,社会效益平台应作为第五层级出现,旨在扩展培训收益计量的范围,对组织产生利润的社会结果进行延伸。在他提出的五层模型中:

第一层次是可能性和反应评估,可能性因素说明是针对培训成功所必需的各种资源的有效性、可用性、质量等问题,反应因素旨在说明方法、手段和程序的接受情况和效用情况;

第二层次是掌握评估,用来评估受训人员的掌握能力情况;

第三层次是应用评估,评估受训人员在接受培训后,在工作中知识和技能的应用情况;

第四层次是企业效益评估,评估培训项目对企业的贡献;

第五层次是社会效益产出,评估社会和客户的反映,以及利润、报偿情况。

Kaufman 提出对人力、财力和物力资源的投入状况进行考察是非常重要的,因为即便不与培训"效益"问题联系起来,仅是它们的可用性、可靠性和有效性等因素就常常事关培训活动的成败。

2.1.4 Phillips 五级投资回报率模型

对于柯氏的四层次模型,菲利普斯(Phillips)认为,尽管第四级评估标准包括产量、质量、成本、时间和客户满意度,可能产生了可衡量的业务提升,但是也许培训项目的本身成本很大,不一定合算。需要增加一级评估,重点是将培训所带来的货币利润与成本进行比较,只有这样整个评估过程才算完整。

于是,他在 1996 年,也提出了一个拥有五个层级的评估模型。这一评估模型与考夫曼的评估模型,一起被认为是在对柯氏模型进行的改良中,两个比较典型的修正范例。不过不同的是,他所设计的第五层级是一个有关"投资回报率"的平台,其核心任务是将培训项目所带来的货币利润与其成本进行比较。在他的理论中,投资回报率(ROI) = 年利润或年均利润/投资总额 ×100% (见图 2 – 2)。

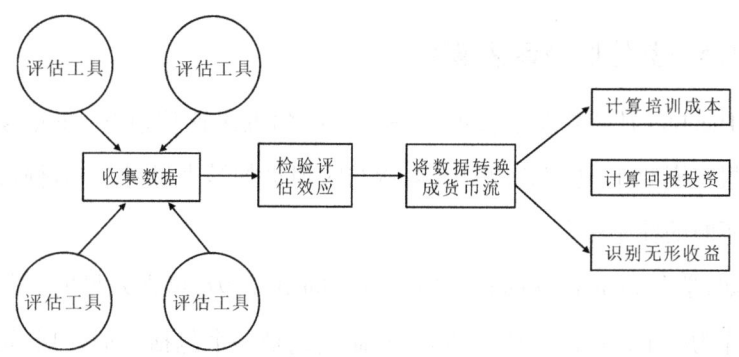

图 2 – 2　ROI 投资模型

这一点的补充非常重要,充分说明他注意到了企业的经济性,并通过"投资回报率"开始关注培训效果的经济意义,把贴现率的概念引进了培训理论中。继而延伸出了以反应和满意度、学习结果、工作中的应用和实施、对业务的影响、投资回报率为等级划分的五级评估模型。

反应和满意度,针对的是培训项目、培训人员和评选结果将如何得到应用;学习结果,指的是受训人员及有利于学习的支持性机制;工作中的应用和实施,重点是受训人员、工作环境和有助于学习内容得以应用的支持性机制;对业务的影响,意味着培训对组织绩效所产生的影响;投资回报率,是培训所产生的用货币形式来体现的收益。

通过菲利普斯对每一层级评估所注意问题的提示,可以发现整个培训效果评估活动其实是一个环环相扣的连锁过程。可以说,这一模型既注意到了培训评估的完整性意义,又关注到了培训活动的经济学意义,为培训的改善提供了更多决策依据。

与柯氏四级评估不同,菲利普斯的五级评估模型是非常符合互联网思维的,即明确地提出自己的价值主张。菲利普斯的五级评估非常强调一句话:"让我看到钱",这种思想非常符合美国企业的价值主张——为股东创造最大价值。同时,他还主张在制定效果评估策略时,应首先确定评估的层次,并以此收据相关的"硬数据"和"软数据"作为评估。

2.1.5 其他层级评估模型

除 Hamblin 社会效益平台模型、Kaufman 的五级评估模型、Phillips 五级投资回报率模型外,还有其他学者秉承与时俱进的学术思考,针对柯氏模型进行了不断的补充和完善。

比如,学者 George Alliger 和 Elizabeth Janak 认为,培训效果的评估不应该只是作为一个提高组织绩效的方法,而应该是一个包括培训计划、培训内容和培训评估在内的完整过程等;John Toplis 等人认识到了柯氏模型在实践中的不足,从培训的持续、完整性上提出了改良;Holton 根据现有研究,考虑到诸如学习动机、个人特征、训练特征等变量的影响,提出了新的评估模型。这些对评估模型的深入研究与拓展,拓展了评估范围的外延,让模型从单一化趋向综合化、多元化。

第2节 流程评估模型

对于以上评价模型来说,无论是柯克帕特里克还是考夫曼和菲利普斯,从根本上说对应的是一种比较传统的系统性培训模式。该培训模式依次的基本构成是:确定培训需求→制定培训计划→实施培训活动→评价培训结果。"评价培训结果"作为最后一环,会对后续培训项目产生一定影响,但是同前面的其他步骤缺乏关联。让培训戛然而止,成为"终结性评价"。这样一来,既谈不上对评估整个过程实施必要的监控,也不可能使评估持续获得必要的调和、改进。于是,便出现了主张将评估活动贯穿整个培训过程,具有明显"过程性评价""形成性评价"特征的 CIPP 培训评估模型和 CIRO 培训评估模型。

2.2.1 CIPP 模型

1967 年,美国学者斯塔弗尔比姆(Daniel Stufflebeam)提出了 CIPP 模型。这一模型出现的背景是当时联邦政府要求凡接受《美国初等与中等教育法案》资助的项目都必须接受评价,但是当下盛行的目标模式并不适合。于是,斯塔弗尔比姆提出应建立一种超越目标模式的新的评价模式,应能提供整体、全面信息,以帮助方案目标的确定、研究计划的修订、方案的实施以及方案实施结果的考核。

从模型提出之初到 21 世纪之前,CIPP 评价模式的内容由四部分组成,即背景、输入、过程、成果,CIPP 即为四个评价环节名称英文首字母的组合。该模型具有全程性、过程性和反馈性的显著特点,不仅将评估活动贯穿于培训全程,还将成果评估贯穿于培训后,以便及时发现、总结本次培训项目的经验和不足。这样的改进,对后续项目产生了积极正向的引导作用。

背景评估:了解相关环境;诊断特殊问题;分析培训需求;确定培训需求;鉴别培训机会;制定培训目标等。其中确定培训需求和设定培训目标是主要任务。

输入评估:收集培训资源信息;评估培训资源;确定如何有效使用现有资源才能达到培训目标;确定项目规划和设计的总体策略是否需要外部资源的协助。

过程评估:洞察培训执行进程中导致失败的潜在原因,提出排除潜在失败原因的方案;分析培训执行进程中导致失败的不利因素,提出克服不利因素的方法;分析并说明培训执行中实际发生的事情和状况;分析并判断它们与目标之间的距离;坚持在培训执行过程中提供有关既定决策和新的决策等。

成果评估:主要任务是对培训活动所达到的目标进行衡量和解释,收集和结果有关的各种描述与判断,即要测量、解释和评判课程计划的成绩。特别需要认定的是,成果评估并不限于培训结束以后,它既可以在培训以后进行,也可以在培训中进行。

与柯氏模型的研究对象不同,斯塔弗尔比姆将培训项目本身作为一个对象进行分析。因此,CIPP 模式又称为决策导向型或者改良导向评价模式,它的显著特点是全程性、过程性和反馈性。更偏向于为项目、工程、职员、产品、协会和系统等的评估提供较全面的指导,尤其是那些准备长期开展并希望获得可持续性改进的项目。

21 世纪初,斯塔弗尔比姆在新研究成果《CIPP 评价模式》和《国际教育评价手册》中重新定义了 CIPP 评价模式的内容。他将原来的四个评价环节扩充为七个,最后一个成果评价环节被进一步拆分成影响和成效两个部分,并增加了可持续性和可推广性两个环节,简称 CIPP 评估模型。CIPP 模型具有较好的全程性、过程性和反馈性能,不过该模型的局限性在于,虽然显示了评估的全程意义、过程意义和反馈意义,却还有待对成果评估等作出更多内容及应用的思考。

2.2.2 CIRO 模型

1970年,奥尔(Warr. P)、伯德(Bird. M)和莱克哈姆(Rackham)设计了一个由四项评估活动(背景评估、输入评估、反应评估、输出评估)组成的独特四级 CIRO 评估模型。这四种评估级别分别对应于培训需求分析、培训资源和培训方法确定、受训人员对培训的反应、培训结果收集等四个阶段。

背景评估:旨在确认培训的必要性,收集和分析有关人力资源开发的信息,分析和确定培训需求与培训目标。

输入评估:旨在确定培训的可能性,对可利用的培训资源进行利弊分析,确定人力资源培训的实施战略与方法。

反应评估:旨在提高培训的有效性,收集和分析受训人员的反馈信息,改进人力资源培训的运作程序。

输出评估:旨在检验培训的结果,收集和分析同培训结果相关的信息。评价与确定培训的结果。

奥尔、伯德和莱克哈姆还指出,要想使输出评估获得成功,需在培训项目开始之前对培训的预期目标做出尽可能确切的定义和说明,并针对这些目标,选择或构建好评估的标准。而目标的结果分析与评价,必将有利于改进以后的培训项目。

CIRO 评估模型除了对其每一组成部分的任务、要求做出较详尽的说明外,最重要的是它可以向比较先进的系统性培训模式所倡导的评估理念靠拢。相比柯氏四级培训评估模式,CIRO 模型扩大了评估的内涵和外延,不再把评估活动看成是整个培训过程最后一环,而是具有相当"独立、终结"特点的一个专门步骤,并将其介入到培训过程的其他相关环节。

该模型最大的缺憾是未能将评估与培训执行这一重要环节专门结合起来,也未能对反应评估和输出评估可作用于后续培训项目设计、可有助于本次培训项目改进这两大问题,作出明确的认定和必要的说明。

第3节 结果类评估模型

在层次评估模型、流程评估模型之外,还产生了一些与经济效益相关的评估模型,可被归纳为结果类评估模型。这种模型以定量分析为主,通过投入、产出的比率分析培训结果,从经济的角度为企业培训效果评估工作提供了量化考核思路。具体来说,主要包括满意效用比模型、技术匹配模型、舍贝克和科恩的效用公式等。

1975年,劳希(Lawshe)提出了满意效用比评估方法,该方法是根据KSAO(知识、技术、能力和其他人员特征)运用头脑风暴法进行指标体系的建立,然后通过专家打分法对KSAO指标体系进行评估,获得统计数据,并使用CVR内容效度检验法进行计算。其中:CVR =(认为选定KSAO指标重要的专家数 - 认为选定的KSAO指标不重要的专家数)/参加评估的专家总人数。

1982年,梅西(Macey)在满意效用比的基础上提出了技术匹配模型,也是采用专家打分法对KSAO指标进行打分。研究的是已经用CVR评估方法进行培训评估过的项目,为以后培训项目的改进提供了一定的借鉴意义。但是该模型不能很好地说明培训需求与培训重点间的运作方式、相互关系,数据则依据专家打分,产生的评价主观性较强,客观性较弱。

1985年,舍贝克(Sheppeck)和科恩(Cohen)提出了培训绩效评估的效用公式,旨在运用一些定量分析来测算企业培训后绩效的变化。在这一公式中,培训效用 = $YD \times NT \times PD \times V - NT \times C$,其中,YD是培训对工作产生影响的年数,NT是接受培训的人数,PD是接受培训者和未接受培训者在工作上的差异,V是价值,对工作成绩的货币计算,C是每一位成员提供培训所支出的费用。

该模型虽然规避了前两个模型中单纯的定性评估,但由于这一公式中的YD、PD、V都是一些模糊的变量,所以也存在着操作性不强、评估结果难以用于团队激励的缺陷,公式还不能得到人们的普遍认同。

第4节 国内评估模型的研究

相比较于国外对于培训项目绩效的多项研究成果,国内相关的研究文献以及专门性的研究显得量小力微。培训效果评估在我国管理实践中的应用尚处于初浅层次阶段,还有很大的发展和完善空间。在实践运用中,大多是在借鉴国外相关模型的基础上,结合当下趋势,形成定性、定量分析,软硬指标结合等评估方法。

定性评估法,要求评价者凭借自身丰富的知识和经验,对事物(指标等)的特性描述和材料分析,制定出具有定性特点的评估标准。主要包含目标评估法、关键人物评估法、比较评估法(事前事后评估法、纵向对比评估法、横向比较评估法、达度评估方法)、动态评估(依据原有基础、观察目标状况)、访谈法、座谈法等。

定量评估法,则是以大量的安全数据为基石,用数学模型计算出分析对象的各项指标及其数值。具有客观化、标准化、精确化、量化、简便化等特征,一定程度上满足了以选拔、甄别为主要目的教育需求。

单纯的定性分析容易造成研究的粗浅,数据的不完善也会使得分析成果难以得到有效的应用和检验。单纯的定量分析虽然准确,但是无法涵盖事物的全面特征,有些内容勉强量化后,只会流于形式,并不能对评价结果作出恰如其分的反映。正如美国控制论专家查德所说的:"当系统的复杂性日趋增长,我们作出系统特性的精确而有意义的描述能力将相应降低,直至达到这样一个阈值,一旦超过它,精确性和有意义性变成两个几乎相互排斥的特性。"说明了高精确度与高复杂性在同一系统中不能并存的原理——不兼容原理。

这就意味着应当结合定性和定量分析的特点,将二者相互渗透转化后,得到一个较为理想的评估体系——定性定量相结合的综合评估法。综合评估法,具体包括硬指标与软指标结合评估法、集体讨论评估法、绩效评估法、内省法、笔试法、操作性测验等。每一种评估方法都有着明显的自身优势,比如,硬指标与软指标结合评估法中,培训绩效的硬指标指的是有效性评估和收益性评估,软指标指的是专家给指标直接打分或者做出判断(满意度等),两者结合形成评估模型;集体讨论评估法的具体做法是由评估工作领导部门的成员和有关评估工作人员参加,进行综合评估,这种方式比单人评价所得的结论更可信、更公开、更透明;绩效评估法是由绩效分析衍生而来的,要求企业建立系统而完整的绩效考核体系,对照以前的绩效记录,明确比较出培训效果。

从以上对各大评估模型的梳理以及精髓分析中可以看出,培训绩效评估的研究工作由来已久,深受各种组织的高度重视。国外在理论研究、制度运作上都比较成熟,培训绩效评估的实用性、操作性强,其评估的模型和方法也在实践中取得了较为理想的效果。

但值得注意的是,不管是使用哪个模型对训练绩效进行评估,都需评估的组织者因地制宜,既要套用"评估模型"中公式化的一面,又要从战略、需求分析、效果评估等多角度,有策略、有方法地灵活推进。外部环境因素的考量中,则要充分纳入特有的人力、物力、财力以及管理现状考量,增强评估的科学性、先进性、适用性与可操性。

第 3 章
航空装备维修保障人机训练评估模型

近年来,现代军事发展突飞猛进,战争与科技紧密耦合,信息化装备不断列装,部队使命任务、武器装备、兵员结构和驻地环境都发生了深刻变化。空军在强国兴军和加速空军发展的恢宏实践中,大力实施人才战略工程,完善军事人力资源制度,深化"三位一体"新型军事人才培养体系,坚定不移地进行装备转型和人才转型。其中,以机务人员群体为代表的人才转型,是最艰巨、最关键、最紧迫的任务。

作为战斗力生成的重要体现,机务人员是参与航空装备维修保障人机训练的主体。如果将部队比作一个"巨人",那么机务人员就是为"巨人"提供力量支撑的"脊柱"。面向未来,在武器装备和新型作战力量的快速布局下,机务人才匮乏问题将越来越突出。面向战场,机务工作要朝着求精、准确、做细、严格的精细化管理持续深入。

航空维修是多种因素相互作用的结果,比如经验性判断与规范技术的协调、对新型武器装备是否具备"庖丁解牛"般的认知等。其中,由人为因素引起的差错最应警惕，稍一疏忽就会造成巨大损失，轻则战机无法起飞，重则机毁人亡。据此前俄国《军工信使》报道，几年前俄罗斯远东航空部队的一架苏－27战机按照惯例升空巡逻，驾驶这架战机的是一位有着1000小时以上飞行经验的老飞行员。可是这架战机在起飞10分钟后，就从雷达屏幕上失去了踪迹，塔台再也联系不上飞行员。最终，战机坠毁在了机场不远处。通过对战机残骸进行检查，发现是地勤人员把战机的供氧系统压力调节器的一个阀门接错了，导致飞行员缺氧窒息，失去意识。后来这名地勤以及当天给这架战机进行维护的其他人员都遭到了严厉的处罚。

如何行之有效地培养出高素质、高技能的复合型机务人员呢？这就要求部队深入开展人机训练建设，通过高效的训练培养更多具有良好机务维护作风的机务人员。为了推动军事训练向实战靠拢，帮助机务人员快速成长，近年来，部队不断加快软硬件建设步伐。硬件上，加强模拟训练中心体系建设，在熟悉功能、科学组训、场地管理、实战模拟等方面不断督促形成新的革新赋能；软件上，通过完善实践教学体系、运用信息化手段、改革考评方式等，为机务人员实践教学提供了积极的探索经验。在软硬件的不断推动下，机务人员的训练周期大大缩短，训练效率显著提升，更加强化了坚持用战斗力这把"硬尺子"比高低、量长短的机务人员选配任用标准。

与此同时，一系列的问题接踵而至：经过培训后的机务人员，掌握了多少维修技术？机务体系，应该拥有多少善用装备的储备人才？队伍建设，是否具备与诸兵种之间互联互通的保障力？等等。基于此前的探讨，我们意识到，训练评估是准确掌握训练目标实现程度的必要环节，是确保军事训练效果的重要手段。新时代军事训练应基于战争形态新变化、作战能力新要求和战场角逐新焦点，及时调整评估重点，升级评估系统，优化评估方法，提升评估质效。

但是，目前国内学者在军队作战训练评估领域的研究，主要集中在武器装备体系的作战效能研究上，恰恰对作为训练主体的机务人员是缺乏全面、准确评价的。武器装备虽然性能复杂、造价昂贵,在战斗中具有以一敌百的如虹气势,但终归是供人使用的载体,需要依靠人的力量来发挥。这种缺位的主次关系,致使训练效果的评估效能发挥不充分,在很大程度上制约了部队装备保障训练工作的开展,影响了部队装备保障的全面建设。

在前面的章节中,分析讨论了航空装备信息化、智能化对人员素质提出的升维诉求,从根源上展示了人机训练评估的原则以及目前存在的问题,也针对国内外的评估模型成果进行了价值分析与操作判断。探讨中可以发现,想要塑造出精准匹配航空装备维修保障人机训练特点的评估模型,就需要紧紧围绕"机务人员潜能挖掘"这一核心要素,在秉承全面、精细评估,准确、智能评估,科学、公正评估,能力、素质评估,眼前、长远评估,组织、管理评估六大原则的基础上层层展开。

第1节 围绕机务人员潜能构建模型

有人说,"飞行员的机警敏捷就像俯冲的老鹰,飞行员的认真细致就像绣花的姑娘。"在飞行员翱翔天际的背后,浸渍着机务人员加班加点的汗水与奉献。从信息通讯、雷达探测、电子对抗,再到机电设备、军械装置、飞机发动机,机务人员担负着把好质量安全最后一道关的责任。

通过训练评估深入挖掘机务维修人员的素质潜能,重点在于充分把握好几个"坚持":坚持以生成部队战斗力为评估目标,精准匹配信息化、智能化作战需求;坚持把握机务维修这一核心要素,并结合教学反馈、学习效能、组织管理、训练结果等牵引出相得益彰的评估指标;坚持以创新效能释放为抓手,紧贴新型作战力量的作用方式、能力要求和装备特性等,选择与之能并肩作战的新型评估模型;坚持以合理的评估方法和数学算法为理论支撑,深化拓展系统平台的自主训练、智能升级,透过现象看到本质;坚持走大胆探索、生动实践之路,让评估模型成为指导人机训练的一大"法宝",盘活先进训练资源;充分体现评估者、评估对象、评估目的、评估标准、评估方法和评估流程等多方面的因素,以深化作战实验和实兵检验为目标,快速锤炼出一支能战斗、能攻关、能奉献的优秀机务群体。

具体而言,涵盖了以下几个方面的内容:

第一,摆脱学科教育的印记,充分体现出职业技术教育的鲜明性。

机务人员来源多元,有军校培养的人员,有从地方入伍服现役的人员,有从服现役期满的士兵成长的人员,有直接招募具有专业技能的人员等。因此,从整体素质上看,当前航空装备技术维修系统的人才状况不容乐观,人才模式单一,学历水平偏低,高层次人才缺乏,甚至某些岗位人才断层。

但是,没有良好的学历和专业背景,不意味着他们的学习能力差。过于强调知识本位和学科本位,反而会本末倒置,让日常军事训练缺乏针对性和吸引力。事实上,机务人员自身学历体现的是其在学生生涯中接受科学、文化知识训练的经历,以及得到的教育文凭,属于狭义范围的教育,并不能以偏概全,被当作其综合素质高低的"标签"。从广义上讲,人生的每一个阶段都会受到各种各样的教育,任何一段学习经历,都应该成为学习者的"学历"。这些"学历"的总和,绘制出了终身学习的"立交桥",体现着学无止境、行者无疆的魅力。

与学历高低表现不同的是,他们可能具有更敏锐的观察力、更强的管理统筹等能力素质。在训练过程中,不同类型、不同能力水平机务人员的学习表现是极为复杂的,这就要求授课教员或组织者,提前"摸清"机务人员的个性特点和训练优势,提前设置指标,力求反映全面、真实的人员队伍素质状况。同时,以航空机务工作内容、程序、方法和目标为着眼点,找准关键结症,选准突破口,帮助一些基础比较薄弱的机务人员快速补齐短板,迎头追上。

第二,重点保障机务人员的知识、技能、素质与准确的考核目标及真实战场环境挂钩,"既要敢于亮剑,也要重视铸剑"。

目前的机务保障训练中,有些方式方法或多或少存在着一些漏洞,比如教学中贪多求全,应知会知的内容不够突出;有的教员缺乏实战经验,任职经历较为单一,对部队实战化训练知之不深;课程设置合理但不够精细,没有完全摆脱传统教育思维定式的羁绊;实践与理论之间互动断断续续,岗位指向性和实际应用型不够突出;陷入经验性训练窠臼,训练的方式、时机不够科学等。

未来战争需要大批"通专并蓄、指技合一"的人才,尊重人才成长的客观规律,对照战场要求对训练进行准确地矫正和审慎地分析十分重要。只有从注重训练安排转向注重军事目标,从适应需求转向创造需求,从机械照搬转向扬长避短,才能立足长远、积极投入、合理搭配、梯次培养,确保通过人机训练评估形成良性循环的部队人才格局,并在精准操作、精准判断、精准引导上深研细研,让每一次训练都与实战化训练科目紧紧相连,成为夯实战斗力的牢固基石。

第三,坚持与构建新型航空维修保障模式相一致,培养具备打赢高技术条件下局部战争能力的机务人员。

特别是在机械化、信息化、智能化"三化合一"的发展底色上,新装备批量、集中入役,保障对象、保障需求和保障环境被打上了"求新求变"的深刻烙印,影响和制约机务质量发展的深层次问题不断暴露。机务人员是航空兵部队战斗力的重要支撑,要想打赢信息化战争,就必须跟上战争形态的跃变,构建符合现代战争特点规律和制胜机理的人机训练。

不仅要开展装备检测与监控、装备故障诊断与健康诊断、远程维修支援、仿真训练系统、交互式电子手册等技术研究工作,还应发挥军方需求牵引和工业部门技术推动作用,协同完成保障任务。同步依托网络平台,实现信息综合集成,推动维修保障精确控制,使人机训练评估主动与军事训练需求的轨迹保持平行。

第四,积极纳入务实作风建设,升级人文管理手段,以"润物细无声"的方式,塑造出与岗位实战相结合的团队"软实力"。

扎实的维修保障作风,要求机务人员在业务能力上必须严谨地按照工作卡进行标准规范施工,不跨、不省任何步骤,并具备立场坚定的政治素质、严谨的组织纪律、强烈的安全和法规意识、处变不惊的心理素质、果敢干练的作风素质、整体作战及联合制胜的大局意识,充分彰显军队管理建设制度的优越性。

就像营商环境之于商家是须臾不能少的阳光、水和空气一样,训练和评估都需要在流畅高效的环境中才能释放生产力。部队相关组织是每一个接受培训机务人员所身处的基础环境,这里融合了课堂学习、模拟器训练、实操训练、综合演练和实兵对抗等各式各样的训练场景。积极向上的组织氛围,利于维修人员快速形成"透视"战场态势环境的能力,各司其职,精准施保,掌握飞行保障的主动权。

第五,受训机务人员对评估本身的态度,决定着训练评估体系构建的稳定性。

航空装备维修保障人机训练评估的主要对象是参与训练的机务人员。俗话说,"知之,求之,才能得之"。如果他们对评估体系优越的制度性能不了解,认为评估的目的就是为了考核,为了做层级区分,那么自然就会产生一些畏难、厌烦或者逆反情绪。一说到评估,就愁眉不展、唉声叹气,还没开展就对评估提出质疑,更不会轻易地去接受、去执行。

事实上,组织开展评估的重点在于落实考核评价的"指挥棒"、用足正向激励的"催化剂"、用准容错纠错的"减压阀",着重激励人的自觉性,以制度激发队伍的活力释放。唯有对机务人员进行"理论进补",让他们明白评估的重要性和必要性,清晰地认识到绩效评估的终极目标是对训练整体效果的衡量尺度,而不单单是对个人的评价,才能真正为未来战场上面临的新形势、新变化等积蓄澎湃动力。

第六,在不干扰部队军事训练的前提下,保证评估系统保持动态、高效、有序、长期地展开。

合理的训练评估,如同一面镜子,能"照出"事物内在逻辑关系和变化规律,真正挖掘出训练评估与校正能力素质形成方向的"正相关"因素。为源源不断地提升部队效能创造动能,应在部队管理实践中积极予以推广。但机务维修工作面临发展快、机型杂、任务重、环境差的形势,平日里的工作已经处于高强度的紧绷状态,如果训练评估又要耗费太多时间和精力,那么机务人员就会感觉到身心俱疲,难以应对。

保证训练评估的合情、合理性。首先,评估时间应合理安排,由专人统筹在机务人员的日常训练或工作中见缝插针地进行,并借助系统终端自动采集,提升统计效率;其次,评估所需要的费用及时间成本不宜太高,应控制在部队组织能承受的范围能力内,避免压缩机务人员的休息时间;最后,既要精准对照、反复校验、找准症结,又不宜将评估系统和流程设置的过于复杂,需通过不断优化,在两者之间找准平衡点。

第2节 评估模型的选择

现阶段,新的体制编制正在运行,军事保障水平不断升级,军事训练面临的形势任务更加繁重艰巨。为锻造出一支能战斗、能攻关、能奉献的优秀机务人才队伍,人机训练评估的重要性不言而喻。

深入研究人机训练评估,是科学管理部队的必然方向,是实现"一代飞机、一代技术、一代人才"的关键。建立合理有效的训练绩效评估制度,是撬动战斗力改革和建设现代化战略空军的重要杠杆,具有广阔的应用前景。这就要求,首先要讨论出普适性高、超越局限、标准明确、稳健固定的高效评估模型,以评估模型的原则性来体现装备维修人机训练的"内在价值",指导发挥军事训练的长效性。

3.2.1　以军事训练条例为准则

对于军事训练评估,世界各国都非常重视,如美国空军从20世纪90年代就将军事训练过程分为四个阶段:确定需求、制定计划、实施训练和评估,采用先进的空战情况分析与评价系统对空战训练进行公正分析和专业评判。我国早在1988年,原总参军训部就下发了《关于研究制定部队训练评估标准的通知》,正式将训练评估研究列入军队训练改革的日程表。

2018年1月,《中国人民解放军军事训练条例(试行)》正式施行。这是一部与人民军队新时代使命任务相适应、与新体制相协调、与战斗力生成规律相符合的军事训练基本法规,对于提高我军军事训练实战化水平、推动军事斗争准备深入发展,具有重要意义。《条例》坚持以战领训,明确了各层次各领域训练的目的要求、组训主体、参训对象、主要内容和实施步骤。同时,要求规范军事训练规划、计划、统计、报告、考核和评估、等级评定等基本制度,建立健全军事训练工作运行机制,推进全军军事训练"一盘棋"设计、"一棋盘"运行。

这些军事训练成果及条例,科学规划了军事训练的蓝图、路线图和施工图,形成了涵盖各军兵种、各专业系统的训练体系架构,逐渐搭建起了一套具有军队特色的军事训练管理理论和机务人员绩效考核标准。尤其是按新大纲施训以来,飞行训练高难课目显著增多,努力形成飞机全功能使用保障能力,成为机务维修工作的当务之急。

与西方国家相比,我国军队机务人员开展绩效评估的工作起步相对比较晚,甚至在相当一段时间内保持着评估的刚性。在对训练评估实施时,很大程度是以领导意志、短期目标为转移的,评估内容、评估时限和方式方法具有随意性,甚至有些组织为了使评估显得"合理"而随意修改。所以,评估模型的选择应以新大纲为准则,拓展出更丰富、更具实操价值的训练评估细节。

3.2.2 借鉴各评估模型的优势

通过第二章中对国内外各大评估模型的展示与把脉,可以发现,不管是层次评估模型、流程评估模型还是结果类评估模型,都围绕着评估主体、评估目标、评估原则、评估方法和注意事项进行了全方位、立体式的剖析。

这些理论的推陈出新,一方面,帮助企业和管理层开拓了培训思路,指明了评估方向,提供了根本遵循,增加了前进动力。另一方面,健全了评估理论的创新机制,使评估模型的内涵越来越丰富。更具现实意义的是,越来越多的企业在使用评估模型的过程中完成了从"模型借鉴"到"训练效果显著提升",再到"企业竞争力提升"的转化路径,创造出了可观的经济和社会效益。

既然这些评估模型经历了半个世纪的理论和实践淬炼,凝结了几代学者智慧和心血。那么部队在进行机务人员人机训练评估时,是否能在其中选择一种最优模型直接套用呢?事实上,这样看似"走捷径"的方式在实际操作中很容易碰壁。首先,这些模型之间并没有孰好孰坏之分,不能厚此薄彼,也不存在谁更优秀的无谓比较,每一个模型都有与自身属性相匹配的适用场景,不同的方法选择也会造成评估效果差别的产生。其次,在生活实践及社会研究中,针对不同的培训性质,评估的目的、方式、流程、侧重都不尽相同,简单套用容易产生不适应、不相容的问题,走不出与航空装备维修保障人机训练特色相匹配的特色评估模型之路。

比如,柯克帕特里克等人的四级或五级评估模型,虽然缺乏对培训过程各个环节的考虑,但却对培训之后的评估作了详尽而富有操作性的设计。而 CIRO 模型特别是 CIPP 模型,虽然显示了评估的全程意义、过程意义和反馈意义,却还有待对"成果评估"等作出更多内容及应用的思考。从功能上来说,它们之间是一种"互补"关系,共同完善了培训评估的"本质"意义。

将军事训练与各大评估模型进行仔细比照后可以发现,各主流评估模型中都有能与机务人员人机训练同频共振,或者可以借鉴延伸的相关因素。比如，借鉴柯氏评估模型中的反应、学习、行为、结果四大层次，可以快速形成流畅清晰的基础评估流程构架；针对学习层的评估，由于人机训练更多的是通过人机交互开展教学活动，而不仅仅是课堂，需将其外延为知识与技能分析、素质与能力分析两个层面；参考流程评估模型中的"过程性评价"特点，在前期对原理知识掌握、实战技能操作等进行评估时，及时反馈考评结果进行持续改进的内生机制；对 CIPP 模型中的输入评估，基于军事训练特点进行同化，不仅评估受训人员的学习成果，还应从培训者的角度对评估培训资源进行综合分析。这些模型中的可用价值，都是航空装备维修保障人机训练评估模型的构成关键。

3.2.3 结合实际因地制宜

无法对既有评估模型直接套用，还受限于另外一个因素：目前在研究界较为成熟的评估模型理论，大多是基于企业培训的逻辑生成的，而军队是一种特殊的社会组织，具备坚定的信仰、超强的能力、顽强的精神、严格的纪律性，既有封闭性，又有独特的群体文化。

军事训练的推进，与社会生产力的提高、经济和政治制度的变革、科学技术的进步、战争实践和军事理论的发展牢牢契合，体系价值含量高、自成一派。在训练内容和强度上，军事训练比企业培训更艰苦、更严格，许多国家的军队出现了加大训练量、强化训练难度的趋势，要求诸军种、兵种的军官和士兵应熟悉本职专业理论，熟练掌握武器装备的专业技能，成为行家和能手。

运用现代科学技术改进教学手段也是军事训练的一大显著特点。在部队，无论是作战平台、武器弹药等以物理实体为代表的硬件，还是以作战数据、算法、模型等为核心的软件，都需强大的科技创新作支撑。要求在训练评估过程中要广泛采用最新的科学技术成果，大力发展电子、激光等模拟训练系统，不断改革训练体制、内容和方法。

此外，企业与军队之间，由于管理机制不同、组织架构各异，往往存在着一道天然形成的藩篱壁垒。在组织管理上,军队的人机训练需要参与培训的机务人员目标高度一致且容错性低,企业培训则更多的是聚焦员工个人知识、技能、工作方法、工作态度及工作价值观的改善,个人目标与组织目标之间的黏性较差。在评估实施上,机务人员作为军人,秉持着"军令如山"的政治觉悟,跟部队之间保持着稳定、忠诚的互动关系,而员工与企业之间则更偏向双向选择,凝聚力较弱。

可见,无论是训练的艰苦程度、信息化智能化水平、组织纪律性的保持、技术训练的难度,军事训练都远超于日常社会组织的培训。因此,在建设评估模型的过程中,需在此前各模型优势的基础上,加入部队组织纪律性、军事制度特点的考量。并参考企业热衷的投资回报率等经济效益指标,因地制宜地助推军事效益最大化,建立一支召之能来、来之能战、战之必胜的机务维修队伍。

第3节 航空装备维修保障人机训练模型概述

针对部队人机模拟训练的独特性,建立科学而合理的机务人员绩效评估制度,意味着要在广泛研究各种成熟训练评估模型和体系的基础上由此及彼,进行逐一检验和推论。既博采众长,兼收并蓄地汲取力量,又量体裁衣,择取与部队训练相关性高的思路。既要服务于评估目的,适应于评估基础和评估能力,又要采取定量与定性相结合、客观性与规律性相结合的方式进行分析。

经过对各大评估模型的适用性进行层层把握、逐步推敲,评估模型的定义及内涵,外延及创新逐渐清晰了起来。多方总结、归纳及推论后,最终形成了一套以柯氏评估模型为基础,充分借鉴 CIPP 模型、定性定量分析等成果,全新且适用于部队特点的评估模型。

为清晰表达该模型的独特个性与排他性,我们将其命名为"航空装备维修保障人机训练评估模型"。

3.3.1 模型定义及内涵

"航空装备维修保障人机训练模型",在组成架构上偏向于层次评估模型。其优势在于形成了受训人员分析、教学反馈分析、学习效能分析、态度与能力分析、协同与互信分析、组织与管理分析以及训练结果分析七大层级,以依次递进、有序过渡的训练目标,对模型进行了抽丝剥茧地表述。

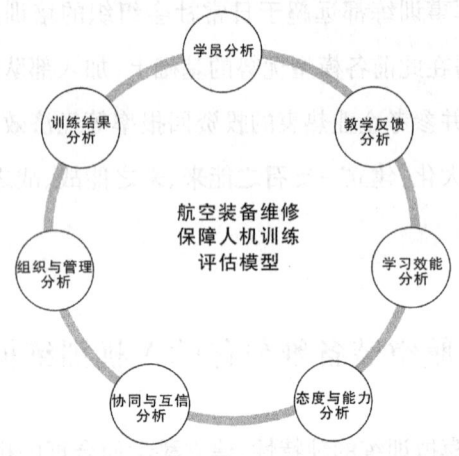

图 3-1 "航空装备维修保障人机训练评估模型"展示

第一层级:受训人员分析。

结合人机模拟训练的特点,对受训人员个人信息、岗位背景、性格特点等数据进行收集和分析。受训人员以前是否从事过相关机务工作?受训人员的性格偏向于稳重还是灵动?有没有参加过相应的模拟训练,训练成绩如何?摸清不同受训人员的学习背景、个性特点,便于客观评价受训人员背景特点与训练项目之间的契合程度。

第二层级:教学反馈分析。

从培训教员、课程安排、讲义教材、教学条件几大方向,对受训人员参加整个模拟训练后的感受和反馈信息收集。受训人员是否认为教材太难?教学设备有没有符合当下信息化武器装备的特点？培训教员在课堂上是否表现出了应有的感染力？该门课程是否有继续开设的需要？通过以上反馈信息，可衡量受训人员对参加培训所做出的总体反应，全面评价模拟训练项目的设计、组织实施及保障工作。

第三层级：学习效能分析。

重点分析受训人员对原理知识点的了解、理解、掌握程度，以及实际操作技能的准确性、规范性、时效性。受训人员参与测试考核的分数处于什么位置？实践操作有没有在固定时间内完成？步骤有没有做到按照工作单规范推进？借助受训人员对原理和技能等培训内容的理解和掌握程度，即可在受训人员间形成横向比较，也可以与培训前的个人学习绩效进行纵向对比。

第四层级：态度与能力分析。

对受训人员的学习态度和胜任能力进行评估，并在训练结束后由受训人员自评、班组评价以及教员评价进行胜任能力的评估，构建立体完整的受训人员能力评估体系。受训人员在课堂上的微表情是否表示其在认真听讲？在训练过程中是态度端正还是敷衍应对？训练组织中的成员如何评价其他人员？在这一层次，评估主体的多元化，让评估更显精细。

第五层级：协同与互信分析。

协同与互信分析是基于部队中军事协同的训练特色、人员间的相互关爱以及彼此间信任度，而衍生出来的独特评估标准。老机务人员在面对新机务人员请教问题时是爱答不理还是热情解答？受训人员有没有彼此帮助，发挥团结力量共同完成训练任务？协同与互信作为部队的优良传统，在评估中同样应该被重视。

第六层级：组织与管理分析。

针对训练评估组织的有序性、科学性以及管理难易度进行综合分析，尽可能提高组织的工作效率、降低组织运行成本、改善组织决策的敏捷性和有效性。组织在进行评估时有没有让受训人员感到不适？管理决策层是否具有清晰敏捷的评估落实思路？评估的过程是通畅无阻还是迟滞混乱？完善组织与管理分析,往往能在评估中起到事半功倍的作用。

第七层级:训练结果分析。

层次指标的有效改变是部队领导最期望看到的,应对训练科目成绩、训练进度、错误操作以及训练设备进行评估。受训人员在训练中的科目得分情况如何？个人学习有没有跟上小组和班级的学习进度？训练中出现了几处错误？错误类型是什么？通过这些评估可以得到训练带来的受益分析,是评估结果的重要体现。

以上可以看出,遵循"航空装备维修保障人机训练"基本尺度的这一评估模型,全面体现了航空装备维修保障人机训练开展的基本规律,实现了整体把握与宏观设计。通过对受训人员分析、教学反馈分析、学习效能分析、态度与能力分析、协同与互信分析、组织与管理分析、训练结果分析七大层次的"串联",相关变量因素集中到了分析平台上,并在严密逻辑的指导下,为人机训练评估从粗放式实施转向精细化深耕,从无序化套用向标准化建设,提供了强大的理论保障和基础设施。

3.3.2 模型外延及创新

"航空装备维修保障人机训练评估模型"之所以形成了七个层次的梳理,而不是三个层次或者四个层次,其最有力的创新之处在于既遵循了部队协同互信、以老带新的练兵特色,又充分发挥"集中力量办大事儿"的优越性。这两大特性分别映射在"协同与互助分析"和"组织与管理分析"两个层面中,实现了理论与实践的互鉴互进,具体表现为:

第一,结合部队文化中互学互助、互建互信这一普遍规律和训练实际,专门增加了"协同与互信分析",让老机务人员与新机务人员在不断传承中继续汲取前行力量,始终保有实干勇为的精神风貌。协同互助的传统是在人民空军波澜壮阔的历史进程中创造、冶炼出来的,也应在机务人员的薪火相传中进行彰显、创新和升华。

第二,无论部队怎么发展,无论军兵种多么复杂,也不论官兵成分如何变化,基层人员管理始终是一项基础性工作,是完成各项工作任务的基本保证。军队能不能打仗、打胜仗,管理往往起着关键作用,"组织与管理分析"从组织诊断与管理变量两大角度,体现了这一全面从严治军的部队管理体系。面对时代之变、战争之变、改革之变的新挑战,部队管理在军队建设中的全局性、经常性、基础性地位逐渐凸显。权责清晰、顺畅高效的训练秩序,利于练兵备战、作风养成及官兵成长。

"航空装备维修保障人机训练评估模型"这一理论,为创建科学有效的评估路径提供了清晰的思路,确立了具体的评估层次和原则。那么接下来,该让评估模型以怎样的角色进入人机训练体系中?怎样结合算法对指标进行定性定量分析?如何确立与实战岗位相一致的评估指标?由于这些部分的内容相对重要且具有独立性,将在第四章、第五章、第六章中进行详细展示,在这里不再多做赘述。

在本章中,将继续以评估模型的七大层级为着眼点,从宏观角度进行把控,针对评估时机的选择、评估流程的开展与评估方法的实施等论题展开阐释。

第4节 评估流程

站在投资与收益的角度考虑,人员培训转化为产出是一个长期而漫长的过程,它涉及培训内容的个性化和多样化、培训方式是否恰当、培训时机选择性等因素。企业培训活动或项目,必须在一定流程和步骤的推进下有序展开。流程思维要求将业务视为一组流程,而不是将每个部门的职能集合在一起,因此,应该重在管理整个流程,从培训需求分析开始,到培训收益结束,按照流程逻辑一步一步做好每个环节之间的衔接工作。

《新时代的中国国防》白皮书中指出,要强化战略管理,规划主导资源配置,建立完善"需求—规划—预算—执行—评估"的战略管理链路。落实到航空装备维修保障人机训练评估的流程上,意味着要从准备阶段、实施阶段、评估阶段、应用阶段和总结阶段五个方面着手开展。严格执行评估标准,细化操作流程,继而形成评估分析,为下一阶段的培训导入有价值的调整建议。

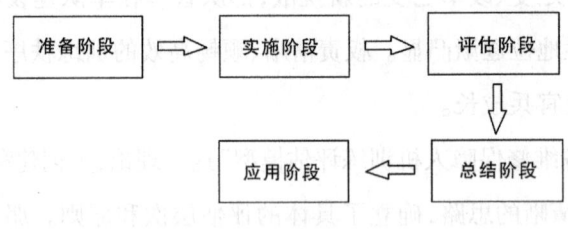

图 3-2 评估流程

3.4.1 准备阶段:制定绩效评估计划

对于评估实施者来说,如果评估目的不明确,容易造成评估者、受训人员偏离评估期望,增加评估负担,可能导致评估的失败,尤其是有些"一次性"评估,纯粹是为了完成任务而临时抱佛脚,缺乏长远意义上的实践价值。时间一长,机务人员就会感到疲惫不堪,产生消极抵触行为。

这种形式主义的评估,耗费人力、物力、财力不说,既不足以囊括机务人员的全面绩效,也无法为下一阶段的军事训练提供指导。评估的开展,必须以评估目的为"圆心",选定评估对象、确定评估内容及培训教员、把握评估周期及评估环境、充分开展评估宣讲,连点成线完善评估准备计划。

明确评估目的:尽管军事训练的终极目标都是促进军队战斗力生成,但军队是一个相对封闭的社会组织,内部有着严格的任务分工,即使在同一单位,其从事的工作也往往有较大差异。根据岗位和需求的变化,航空装备维修保障人机训练的目的有所偏重。比如,模拟设备的机型不同,其评估设置必然要与之匹配;单个人员训练、建制单位训练、联合作战编成训练的方式不同,训练的任务和要求有所区别;单一训练科目、阶段内训练状况、整个阶段评价,不同的评估重点所使用的方法也需各得其所。

选定评估对象:一般来说,评估对象应以受训机务人员为主。针对不同模拟器训练项目及岗位要求,确定具体的评估对象名单或组织。与此同时,还要针对评估主体进行范围圈定,选择与评估内容紧密结合的直接上级、同事、本人和专家等,便于后期从多个角度对训练开展进行打分或考核。

确定评估内容及培训教员:培训必须因人而异、因材施教,培训内容既要考虑先进性、发展性和知识性,又要考虑针对性、实用性。针对不同岗位、知识背景的机务人员,提供覆盖基础理论、专业知识、操作使用、保养维修、进阶认证的"定制化"训练,实现知识背景、协同操作和故障排除的理论实践双结合。

针对评估内容的设定,还要筛选出知识渊博、教学经验丰富、实战经验强的培训教员。优秀、专业的培训教员,能开阔学员视野、提高思维层次,帮助受训机务人员达到理想的培训效果,并具有激发受训机务人员学习积极性的优势,利于受训人员熟练掌握训练内容并灵活运用到实际工作中,学以致用,以用促效,实实在在地提高部队建设成效。

把握评估周期及评估环境:评估周期是指评估开启与结束的时间选取,从项目培训周期上来看,机务人员训练一般以短期培训为主(几个月到一年)。培训时机的把握,建立在对当前部队建设状况、面临的形势任务、人员队伍建设现状、岗位工作需求以及人员工作绩效等多方面变量因素的全面分析基础之上。科学合理的统筹安排培训时间,应做到不影响部队的正常运转、不引起受训人员情绪反感,又能保证培训有序进行。

不同的评估层级应选择不同的评估时机,有些层级需要在训练前进行,比如学员分析;有些需要在训练中进行,比如教学反馈分析、态度和能力分析等;还有些需要在训练结束几周后甚至两三个月以后进行,比如组织与管理分析等。此外,评估环境既有部队内外之分,也有远近之分,还有保障设施条件优劣之分。根据实际需要和机务人员的特点,确定评估地点也是非常必要的。

充分开展评估宣讲:宣讲指的是对众宣传讲述,正如在很多企业中,新入职人员都要接受企业文化的宣讲一样。在评估开展前,训练评估组织者应组织相应的宣讲或者交流会,对受训人员进行清晰的告知。展开这一步骤的原因,主要基于以下三个方面的考量:

其一,受训人员往往对绩效评估缺乏足够的认识和深入理解,对培训工作的认知停留在"既重要又茫然"的层面。甚至会将评估作为一项软指标看待,认为实行不实行都无所谓,干部的选拔、任用等不受绩效评估的影响,因此积极性欠佳。通过评估宣讲,有助于明确受评对象在评估中的参与度,强化提升战斗力这一群体目标。

其二,向受训人员明确评估标准、评估内容、评估形式,强调培训是以提升培训对象的某一专项岗位技能或者操作能力为主要目标。让培训教员与受训人员在绩效评估的期望值上达成一致,寻求他们对评估的理解、支持与信任。

其三,绩效训练是一项团队协作性活动,由执行者与管理者共同承担。与受训人员面对面的交流,开诚布公地听取他们对训练评估的意见和思考,有助于消解其对评估产生的抗拒,减少实施阻力。

3.4.2 实施阶段:组织开展人机训练

伴随着评估计划这扇"大门"的缓缓开启,训练评估将顺其自然地步入实施阶段。实施阶段主要是以形成的航空装备维修保障人机训练评估模型为核心,围绕受训人员、教学反馈、知识与技能、素质与能力、协同与互助、组织与管理、训练结果七大层次进行展开。

为了便于评估者对每一层次进行专项评估,航空装备维修保障人机训练制定了详细的评估指标。以受训人员分析为例,其二级指标包括受训人员信息、岗位背景、性格特点三大类,受训人员信息次级细分为班级、学号、姓名、性别、年龄、学历、智商;岗位背景的细分指标为培训经历、前岗位与现岗位;性格特点则以耐心稳重型、灵动智慧型、平衡性为区分标准。

在评估实施过程中,实施的内容可根据第六章中分析应用为参考,针对具体指标逐一展开。对于每个指标中取得的数据,由专人进行数据的收集、记录工作,并通过连接了评估软件的人机交互界面对数据或者指标进行丰富。为保证评估的实施与评估模型相得益彰,与部队的发展紧密结合,在组织人机训练时,管理链路需上下通畅,破除体制性障碍和利益固化藩篱,确保各项流程精准对接,保证评估结果不偏离目标。

搞好组织保障:各级装备部门要加强对装备保障模拟训练的组织领导,科学筹划、严密组织、分类指导,为搞好人机训练提供组织保障。航空装备维修保障人机训练评估没有现成的模式和经验可借鉴,遇到的重点和难点问题多,必须加强研究和攻关,必要时可组织先行试点,探索路子,总结经验,把保障措施责任落实到相关部门,甚至明确到个人。

协调落实相关事宜:首先,要与军事部门在训练时间上搞好协调,并就指挥、通信、电子对抗等有关装备和人员保障问题进行协商;其次,要与训练基地提前对接,确保模拟训练与评估要求和评估软件的联结;最后,要针对评估的落实与管理,提前设置好相应的激励措施,包括正激励与纪律,从而突出检验受训人员的业务理论功底和基本维护实操能力。

3.4.3 评估阶段:针对拟定指标逐一评价

评估阶段,主要是对评估实施过程中产生的结果进行规律化展示。众所周知,经由评估方法产生的评估结果,是根据每一项具体指标形成的,产生的结果自成一体,相对离散。比如通过自我评价、班组评价和教员评价会得出受训人员的能力分析结果,但是分析本身并不能构成对机务人员人机训练绩效的总结,还需要相应的量化指标——权重。权重是指单向指标的重要程度,同样以上述分析结果为例,量化后的自我评价、班组评价和教员评价可以被区分为"优秀、良好、一般"三个层次的定义。针对每一项指标进行权重量化,是精准实施评估的重要算法及科学依据。权重的明晰让定性分析具备了定量分析的基础。正确赋予指标体系各个层次每个指标的权重值之后,指标体系才能为评估活动所用。

组织航空装备维修保障人机训练评估时,要成立综合性考核组,按照考核细则一对一参照模型中的指标及权重,对各个要素进行全面、系统、全过程的考核。而后将各要素考核成绩按单位进行综合评定,以此衡量实战化训练的整体效果。在这两个过程中,还有一个非常重要的环节就是:挖掘指标数据背后的价值规律,获取真实、有效的评估分析成果。

挖掘数据背后的价值规律,最佳路径是建立数学模型与评估算法,应用相应的数学方法,形成有条理、易理解的可视化展示。这是十分关键的一步,同时也是十分困难的一步。数学建模,是根据实际需求建立数学模型、求解产生结果、解决实际问题的过程,可将错综复杂的关系简化为更日常的表达,尤其适用于应用型问题的研究。一般来说,数学建模的常用方法包括回归分析法、量纲分析法、差分法、变分法、类比法、数据拟合法等。

相关评估组织部门,需严格遵循组织训练既定的相关流程和指标,逐一落实。在一个训练阶段完成后,及时将受训人员的测试成绩和实际工作表现与培训目标相比较,得出绩效评估结果,并明确反馈给受训对象及其他关注人员。

3.4.4 应用阶段:落实反馈形成合力

当评估进行到应用阶段,意味着此时已经准确地针对每一位机务人员的训练成果及各项指标,形成了或高或低的评估表现。比如,训练是否达到了预期目标和岗位需求?训练中发现了哪些薄弱环节需要整改落实?与其他受训人员或者培训者的互动是否对训练起到促进作用……这些历经"千辛万苦"形成的评估表现,能够使个体意识到自身的不足并产生强烈的提升愿望。既然已经产生了结果,是不是表示评估环节到此结束?事实上并非如此,不管培训性质如何,执行力都是评估应用落实的分水岭。如果不执行、不应用、不落实,航空装备维修保障人机训练评估就会流于表面,费财费力。

很多企业家在经营管理中往往热衷提及这样一句话"行是知之始,知是行之成,只有执行,才能产生价值"。同理,这样的反馈机制也适用于在航空装备维修保障人机训练中起主导作用的培训者与管理者。

为深入发挥评估的改善及长效机制,可以从以下几个方面对人机训练进行应用落实:现场观察机务人员工作行为,及时纠正问题和错误;选择合适时间举办相应的知识和技能比赛,强化受训人员对知识和技能的运用;建立起长效管理的奖惩机制,将训练考评成绩与机务人员的评先评优、立功受奖、晋职晋衔挂钩,充分发挥训练考评的促进作用,提高机务人员学以致用的积极性和创造性等。

此外,评估流程并不是在制定了之后就一成不变,要随着工作的动态变化进行灵活调整。已完整施行的评估流程,也要接受"回头看"这一环节的审视,查看是否存在着条框太多、流程并行、串行处理不合理等错位问题。根据暴露出的问题对号入座,持续发挥检查、监督、纠正和改进的主观能动性,运行成熟后再在操作中固化成型,形成长期性和连续性评估。

3.4.5 总结阶段:撰写评估报告

在履行完必要的评估流程后,撰写评估报告,是对航空装备维修保障人机训练评估的一次"短暂"收尾。评估报告,是由评估的组织机构针对评估活动进行翔实记录,出具专业的书面或者电子报告,并反馈给直接上级和人事管理部门,使之全面了解机务人员人机训练绩效的整体情况,树好"风向标",

立好"度量尺",用好"成绩单"。

评估报告的撰写要做到简明清晰,既有文字表达,又有数字、图文显示。其内容主要包括摘要(报告要点概括)、引言(评估背景、评估目的及原则)、评估实施过程(评估指标的选取、流程及方法论)、评估结果展示(结合过程进行对应梳理)、解释结果并给出参考意见(经验、教训及改进方法)、附录(图标、问卷等资料收集)几大部分。

报告中,一方面应该对训练绩效进行客观叙述,对绩效结果进行价值判断,提出改进机务人员学习过程的建议。如果训练项目得到了受训人员认可,收效明显,则继续对这一项目进行优化保持;如果训练项目收效甚微,没有形成让受训人员内化于心的业务力量,就应该进行调整或者考虑取消该项目;如果评估结果表明,人机训练某些部分不够有效是因为课程设计不恰当、模拟训练装备本身故障、授课方式因循守旧或者受训人员本身缺乏积极性等造成的,那么就需要对症下药,针对性地对部分内容进行重新设计或调整。

另一方面,应建立良好的反馈沟通机制,对评估过程、评估方法和评估中遇到的一些问题进行说明,将重心放在查找问题、找准原因、寻求对策上。使航空装备维修保障人机训练评估模型在"评估—总结—下一次评估"的流程日渐深入人心,形成制度化保障体系,真正成为锤炼机务人员队伍的助推器。

第5节 评估方法

日常生活中,针对产品的生产、制造,质量管理部门往往会用"次品率""合格率"这样立竿见影的因素来进行判定。但是航空装备维修保障人机训练评估的对象是具有自主性和创造性的人,因而在进行评估时,要采取一系列有效的评估方法,从多个维度来尽可能还原真实的评估数据和绩效表现。

3.5.1 主要评估方法展示

评估方法,是对训练数据收集方式的整理,也是展示训练成果的关键环节,应具备充分说明受训人员绩效表现的要素。一般来说,评估方法主要包括考试测评、观察法、问卷调查法、访谈法、面试法、案例测验法、360度评估法等多种方式。实际运用时需结合数学算法,以定性与定量相结合的方式来做出价值判断。

考核测试法:它是衡量受训人员相关学习内容掌握程度的有效方法,根据考试题型的区别,分为选择题、问答题、判断题、论述题、操作展示等,根据考核测试的方式不同,又可分为笔试、口试和实际操作测试。

观察法:观察法可分别用于训练中及训练结束后,前者通过观察受训人员在培训过程中的专注度、微表情等形成学习态度的记录。后者是指评估者在培训结束后,亲自到受训人员所在的工作岗位上,通过仔细观察、记录受训人员在工作中的业务表现,将该表现与受训人员在培训前的工作表现进行比较,以此来衡量培训对受训人员所起的作用。

问卷调查法:以书面或者计算机答题的方式提出问题、搜集资料,将需要调查的项目与内容一一列出,让受调查者实事求是的进行填写。对所有的有效问卷进行统计归纳,即可得出一个较为确切的问卷结论,以此来确定培训绩效。问卷调查的优点是简单易操作、效率较高,一般采用匿名的方式进行,可以揭示出一些实质性的或共同性的问题。缺点是问卷的回答范围是提前设计好的,可能会遗漏一些更细致、更深层次的信息。

访谈法:调查者依据调查提纲与调查对象直接交谈,收集培训信息的方法,是一种口头交流式的调查方法。访谈法的主要特点是采用对话、讨论等面对面的交流方式,是双方相互作用、相互影响的过程。据访谈对象的数量,可以分为集体访谈法和个别访谈法;根据层次,可以分为常规访谈法和深度访谈法;根据媒介,可以分为当面访谈法和电话访谈法。

集体讨论法：采取集体舆论评议、集体表决等方式，对评估对象做出评估的方法。这种方法比单个人评估所得出的结论更可信、更公正、更有效。但这种方法在运用过程中可能产生不同评估人对某项评估指标有不同理解、不同评估人因各种误差得出不确切结论的情况，从而导致在某项指标上对评估对象计分的不一致。遇到这种情况，可以由每个参加评估的人单独评分，然后加权平均，把评估误差缩小到最低限度。

360度评估法：顾名思义，可以把这种方法设想成一个圆圈，被考评者处于圆心位置，考评者依次分布在四周，多角度、全视角进行评估。在这一方法中，考评者作为评估信息的来源，主要包括自身、上级、同事、下级、专家等维度（至少四个）。360度考评法在应用和使用范围上存在着一定的争论，但与传统绩效考评工具相比，它能使考评更加公正、能加强部门之间的沟通、使各个评估者优势互补、有利于更好地实施奖惩等。

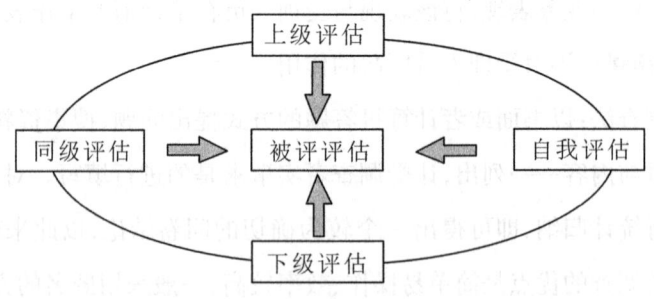

图3-3　360度评估法

目标比较法：它要求在制定培训计划时，将受训人员完成培训计划后应学到的知识、技能、应改进的工作态度、行为及组织应达到的目标列入其中。培训课程结束后，应将受训人员的测试成绩和实际工作表现与既定培训目标相比较，总结出对培训绩效的评估。目标比较法能够使得培训目标与培训需求相一致，通过对比说明培训绩效。

动态评估法：将有关的人和事放到整个培训的过程中去进行检测评估，既看原有基础，又看目前状况，更要看发展的潜力和趋势。从长远多个意义上，来评估其效果。实施动态评估法，要将受训人员通过培训学到的知识、原理和技能作为培训绩效评估的主要内容。

统计分析法：通过对研究对象的规模、速度、范围、程度等数量关系的分析研究，认识和揭示事物间的相互关系、变化规律和发展趋势。任何事物都有质和量两个方面，认识事物的本质时必须掌握事物量的规律。统计分析方法是广泛使用的现代科学方法，是一种比较科学、精确和客观的测评方法。

业绩评定表法：这种方法又称为"等级量度法"，它是根据所限定的因素来对人员进行考绩。考核者通常均使用一种事先印制的等级表，对业绩进行判断并评出等级。等级常常被分成几类，用数字级别表示，也可采用诸如优秀、一般或较差这些形容词来定义。业绩评定表受到欢迎的原因之一就是它的简单、迅速。

3.5.2 评估方法应用

现代企业培训效果评估大量运用了统计学、数学、经济学、心理学、计算软件等知识和技术，是一项复杂的管理活动，需要针对不同的评估层次和内容，选择不同的方法来进行评估。航空装备维修保障人机训练的特点，要求其评估方法要与部队特性、绩效目标有效搭配。既要选取精度更高、维度更广的评估方法，又要兼具客观与主观两重性能。

为了防止评估的主观随意性，应结合评估模型中的层次分析与指标获取，采取多种评估方法结合开展，以汲取其中的有效力量，逐个击破评估难点。将众多评估方法与航空装备维修保障人机训练模型的七个层级进行对照分析后，可产生以下评估方法建议方案。

表3-1 评估层级及方法建议

评估层级	评估方法建议
受训人员分析	观察法、问卷调查法、访谈法
教学反馈分析	考核测试法、问卷调查法、统计分析法、业绩评定表法
学习效能分析	考核测试法、统计分析法、动态评估法
态度与能力	问卷调查法、统计分析法、访谈法、集体讨论法、360度评估法
协同与互助	观察法、问卷调查法、访谈法、集体讨论法
组织与管理	观察法、问卷调查法、360度评估法、业绩评定表法
训练结果分析	统计分析法、目标比较法、业绩评定表法

从评估方法的客观性上来看,机务人员在使用模拟器进行训练时,可实时产生操作评价,比如训练进度分析、错误操作分析、训练设备分析等数据。也可通过人机操作或卷面答题,快速输出答题成绩、测验结果等。这些结果通过交互界面或纸面跃然呈现,是客观存在、不容分辩的数据,直接可以使用,具有全面性、保真性和准确性。

从评估方法的主观性上来看,主要是面向评估中的自我评价、组织评价、训练态度、互助指数、组织管理等含有人为因素的指标。面对这些指标,可以采取问卷调查法、观察法、面谈法、集体讨论法、业绩评定表法等进行展开。科学地选择评估方法,有助于求同存异,减少评估"噪音"。

正如评估模型没有好坏优劣之分一样,评估方法的"百花齐放"同样展现了客观事物的丰富性、事物联系的规律性、应对路径的多样性。部队针对机务人员进行航空装备维修保障人机训练评估时,应根据机务人员的工作岗位性质、自身理论水平、指标形成的难度与特点、训练模拟器特性和部队组织架构来进行酌情选用。力求用清晰、易执行、易量化的评估方法,来作出尽可能严密、科学、精确的绩效评估。

第4章
基于数据库的人机训练评估体系

军事装备是一种高科技、难理解、相对复杂的实战型武器。一架飞机具有良好的战斗性能,是上百万个零部件的有机组合与运行的结果,还需要军队的总体作战理论与战术目标相结合,经过层层试验、论证和修改,才能真正地走向部队,进入实战场景。在军事训练领域,采用以计算机仿真及虚拟现实技术为支撑的维护/飞行模拟训练器、数字化维修教学系统等模拟训练设备进行维修训练,已经在院校和部队广泛展开。

随着机载武器和航空电子设备的快速发展,现代空战中对人机模拟训练的要求已不可同日而语。对人机训练项目进行全面评估,充分运用基地训练、模拟训练和网络训练形式,推动战斗力生成模式转变,是评估体系中最重要的部分。经过第三章的分析展示,航空装备维修保障人机训练评估模型的架构已清晰分层,评估流程、评估方法的引入也水到渠成。

但是,在构建训练评估平台的过程中,我们发现,虽然此前已经突破了航空装备维修保障人机训练评估模型这一难点,但是在真正的运行过程中,还有一道亟待消除的"鸿沟"。那就是目前的数据尺度和运算方法,已经无法与现有的需求及目标相匹配,导致部队在建立采集训练数据、形成指标时缺乏有效工具,统计方法不科学、统计数据不准确,统计结果不成体系。如此一来,评估平台的内涵和价值发挥就会大大受限,不具备指导军事下一个环节的条件,也无法产生预期中的可视化分析。

"不解决桥和船的问题,过河就是一句空话"。对于航空装备维修保障人机训练评估来说,它的"桥和船"指的就是人机训练过程中对数据的收集、整理与应用。近年来,科学技术的推动,让海量数据的智能化导入、分析成为现实。利用技术手段,如海洋般浩瀚磅礴的数据可以迅速、及时地获取。"科技+""网络+"等新领域的训练探索步伐明显加快,过去极其感性、抽象、不可计量的事物,现在都能转变为理性、具体、可以量化的数据信息。这些都使得人机训练评估在统计意义上获取了强有力的支撑,一定程度上可弥补目前出现的数据漏洞和分析缺憾。

由此可见,基于现代技术手段形成的海量数据库,是解决评估不科学、不全面、维度少等核心问题的最大"公约数",具有极为重要的现实意义和潜在价值。在航空装备维修保障人机训练评估中建立数据库,通过数据的交换、整合、分析,将会有新的知识、新的规律被发现,新的意义、新的价值产生。同时,数据库也是保障人机训练评估工作扎实开展、有序推进、精准实施的"神经中枢"。

第1节 数据库是建立评估体系的基础

此前,热播电视剧《长安十二时辰》,在剧情中展示了一个集瞭望、防御、通讯、追踪于一体的综合式军用平台——望楼系统,望楼之间通过战鼓传声和暗语传递信息,并汇总至靖安司。这个过程,相当于一个人工互联网。剧里还有一个厉害的办案武器——大案牍术,大批书吏如同那个时代的"人工智能",汇总并调阅长安各个部门记录的人员往来、钱粮货物流水,建立"数据库",进而找到线索。望楼与大案牍术的结合,形成了一个彼此相连接的系统,快速直接地传递信息、调查分析,从而挖掘出事情背后的真相。

虽然电视剧带有演绎成分,但的确展现出了数据和信息在处理纷杂事务时化繁为简的能力。早在1980年,著名未来学家阿尔文·托夫勒在他的著作《第三次浪潮》中,就明确提出:"数据就是财富",并且将其比喻为"第三次浪潮的华彩乐章"。进入21世纪之后,移动互联网崛起,存储能力和云计算能力飞跃,大数据开始落地,引起了越来越多的重视。在现代化的今天,"数据与存储"早已在不觉间融入大众生活,深刻影响着产业发展和社会变革。有数据统计显示,一位普通网民一天至少要生成1GB左右的数据,全自动驾驶的汽车一天会生产64TB的数据,新闻客户端为了推送最精准的内容每天要处理50PB以上的数据……

数据作为社会生产的"副产物",是可被二次乃至多次加工的原料。海量的训练数据,可以释放出巨大的信息价值,是拉动军队建设发展和训练预演战争的"金钥匙",也是建立人机训练评估体系的"幕后英雄"。数据库的建立与引入,与传感器、武器系统、指挥系统紧密结合,可保证信息实时、可靠、准确地传输,实现信息共享,弥补了传统机务维修资源管理上的漏洞,让人机训练绩效评价系统更可靠、更可信。

新时代是"互联网+"的时代,新时代机务人员的作风、技术、管理能力,必须依托信息技术、数据分析等来进行定位。从而,更好地激发机务人员学习积极性,加强人员管理与技术创新,进一步建立完善制度机制。

4.1.1　数据库让评估更饱满

数据是智能时代的新生产资料,数据真实准确是科学决策的前提,海量数据源是准确决策的基础。军事训练数据具有超海量性、强领域性、泛多样性、广时空性及高演化性等特征,为认识军事复杂系统提供了一种新模式、新方法和新手段。对于数据来说,单条数据本身并无太多意义,但庞大的数据量就会逐渐积累并产生巨大的价值。未来,数据采集是一个很大的市场。

不同于以往传统数据时代的随机样本,基于数据库的人机训练评估在数据源层的获取上,覆盖面更广。受训人员的基本素质、教员的培养方式、教材的难易程度、装备操作的使用性能、受训人员快速反应能力、协同能力和指挥决策能力等都是数据来源的依据。其中又因为每个依据的指标权重不同与个体变量不同,进一步裂变为更多、更丰富的数据库。比如,不同素质受训人员在不同教材的学习环境下、在不同设备的模拟训练中,所产生的结果都有所区别,都需要分门别类进行记录。

军事训练组织的次数越多,不同班组和不同受训人员在相应模拟器设备上的学习与训练数据汇总越丰富,获取数据的体量越庞大。这些立体式多维数据,伴随着训练开展的深入而不断累积,形成了全样本、高效率的数据池。数据池的"饱满"属性,让计算机和模型算法有据可依,能更好地进行数据的分布、集中趋势度量、离中趋势度量、变量之间关系的描述,确定评估在相应指标中表现出来的效能。继而逐一矫正系统中的不确定因素,让人机训练评估模型更加真实可靠,让对受训人员、教员和设备的评价从"经验主义"转变到"标准模数"。

技术手段的跨越更新,创造了更好的机会和条件去获取以前难以触摸到的数据。研究更多、更高效的样本,帮助评估从全局、整体、系统上把握军事训练全面情况提供了更为科学的研究方法。

4.1.2 数据库让评估更可靠

用"数据"理念指导军事训练,保障军事训练,是训战一致指导规律的必然要求。用数据提供的训练"痕迹"进行度量、实证和评估,可以进一步从"实证性"上揭示军事训练的规律,弥补传统训练"经验思维"和"理性思维"模式中人为因素干扰和论证不足等问题。

当前,信息资源日益丰富,军队院校及军事训练单位都拥有基于军事训练的各种信息系统,积累了大量运行数据。数据已经成为战斗力的新增长点,有利于解决评估过程中不全面、不完整、不及时等问题,并对潜在风险作出预判和评估。

事实上,每个训练基地都存在着大量针对机务维修人员人机训练的原始数据。这些数据,同样可以被用来描述受训人员在态度、学习和行为方面的变化。但是由于缺乏有效的利用抓手,数据定义五花八门,数据取值随心所欲,表现形式千奇百怪,数据质量有好有坏,应用价值极低。而且数据大多分散在不同的信息系统中,不同信息系统的信息资源数据和数据库标准各不相同,导致大量的历史信息处于"沉睡"状态,未能发挥其潜在的决策支持能力,如果能通过数据库对教学资源系统、模拟训练系统、行政管理信息系统等上的各种有序运行的信息进行再度挖掘及利用,那么就必然能实现更可靠、更具价值的信息资源,这对于创建高效的航空装备维修保障人机训练评估来说,具有缩短评价流程,提高评估准确性等深远意义。

4.1.3 数据库让预测更准确

现代军事,既是国力的竞争,也是科技的竞争,越来越多的军事训练已经融入了现代电子技术、信息技术等高科技手段。在模拟仿真、虚拟现实等技术中,之所以能提供复杂战场环境和作战场景的沉浸式训练环境,全面提升实战环境真实感,根本原因在于发挥了信息技术条件下数据的支撑功能。将模拟器数据与评估软件数据进行结合,大大方便了从广泛的传感器消息源中提取关键数据,显著增强了机务保障数据识别、事件关系定位、知识发现理解的能力。

在人机训练评估中,牵扯到指标体系和算法的科学性、系统性、可比性、简捷性和层次性,变量因素错综复杂,稍有不慎就会造成预测结果错位。数据技术的一大核心价值,便在于准确把握军事训练动态和军事训练发展规律,让人机训练评估体系具备了预测思维,让评估"看得更远"。

此外,数据思维的使用,还能未雨绸缪地对机务维修模拟训练中的新情况新问题进行随时发现,寻找数据背后的隐含关系和价值,实现对模拟系统的自主化评估和推测性展现。并结合武器装备不断推陈出新的动态特征,科学预判受训人员潜在需求,提高军事训练工作科学化水平。

第2节 关于人机训练评估体系的构架展示

在确立了"数据库"的基础地位后,航空装备维修保障人机训练拥有了"会思考"的主动性,体系形象逐渐呈现。想要让评估模型更好地运用,让数据思维更好地支持评估,就必须从部队管理的角度,对整个评估进行体系支持,进行体系化建设,形式体系化运转。体系化是标准、是制度,是组织管理。健全的评估体系可覆盖到评估的各个方面,做到"横向到边、纵向到底",充分利用有限资源,形成集合协同优势。同时还具有建立自我完善的运行机制,可应用于保持评估成果的自觉性,贡献评估的智慧力。

那么如何将已形成的模型、架构和方法,进行标准化塑造,形成完整的航空装备维修保障人机训练评估体系呢?这个训练评估体系还应包含哪些子系统?各个子系统之间应如何保持既在同一管理构架下并存,又相互之间实现互动？接下来,就该思考应该从哪些方面建立人机训练评估体系的子系统,以及如何定义子系统之间的相互运作关系。

推导人机训练评估子系统的思路,其实是一个不断在问题中找答案的过程:对于人机训练评估体系来说,评价的起点和终点是什么？训练暂时告一段落,真的意味着到达终点了吗？培训或训练最终会沦为"课上很激动,课下很冲动,回去后一动不动,半月后想动不知道怎么动"吗？训练完成后,有没有输出想要的目标价值？是否产生了可以量化的指标？训练系统跟评估模型如何结合？管理层在其中参与了哪些决策？等等。

从这些问题中可以看出,人机训练评估不是一个孤立的事件,不应该被定义为一场从起点到终点的走马观花。其核心在于对机务维修人员的知识和技能水平、教员的训练方法、模拟设备的使用等进行全方位提升,做好评估流程、方法制度化安排,确保实现预期目标的转化,并在实践中不断优化使之形成军事训练的一大特色理论。

因此,一套完整的人机训练评估体系,应以航空装备维修保障人机训练评估模型为"评估平台",结合上游"训练系统"和下游"管理层决策",共同协作,持续带动,撑起评估体系的"一片天"。

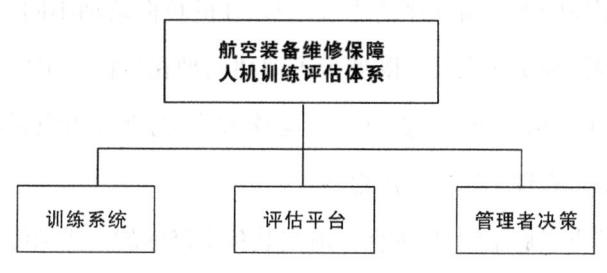

图 4-1 人机训练评估体系

其中,训练系统指的是在日常部队管理中,对机务人员进行的专业技能训练。覆盖了线上理论学习、各模拟训练实操与教学、受训人员综合信息等,每一项操作考核都会产生相应分数或者评价数据。这些信息数据不断收集、扩容,逐渐形成丰富的数据源层,为评估平台的运作发挥支撑作用。

评估平台,是以训练系统产生的数据源层为基础,通过一系列的技术手段,完成数据感知与存储、数据处理、数据展示三个层面的展示。其既是整个评估体系的"大脑",又与训练系统共同作用,让原本枯燥的数据不再沉默,变成会说话、会表达的"智能工具",形成可视化分析。有了可视化分析的指导,部队可以更科学地制定精准培养计划,真正落实"干什么、学什么、缺什么、补什么"。

至于管理层决策,顾名思义是通过部门管理、工作安排计划与考核执行,自上而下地疏通管理中的"毛细血管",让评估结果实现常态化、长效化。其以目标驱动为关键,对评估流程中出现的问题及时规避,对绩效训练评估得到的结果进行放大、导入。

此外,它还有具有承上启下的作用,既是评估平台作用的执行者,也是训练系统调整的反馈者,是连接两者之间的桥梁。这一反馈流程,让整个架构形成了一个完整的升级式闭环,以评促建、以考促建,不断提高机务人员能力素质。

基于数据库的人机训练评估体系,与以往的单向培训不同,它具有更加丰富的运行内涵和实践意义。既展示了评估模型在该体系中发挥的关键作用,又通过三个架构之间的动态互动及运作方式,为训练组织者和管理层提供了可结合部队管理工作的应用思路。

接下来将重点展示的是,如何以航空装备维修保障人机训练评估模型为核心驱动,建立的一整套动态、可持续发展的人机训练评估体系。

第 4 章 基于数据库的人机训练评估体系

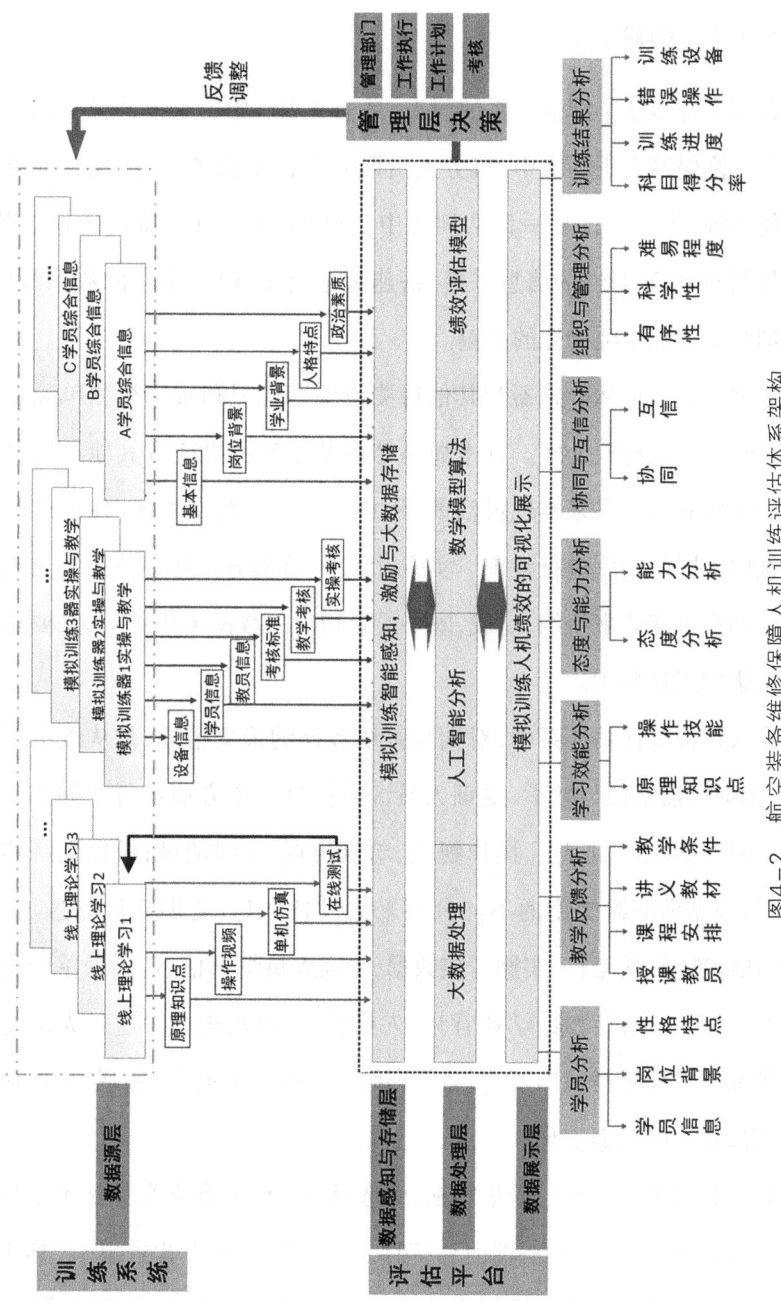

图 4-2 航空装备维修保障人机训练评估体系架构

4.2.1 训练系统

训练系统是整个评估体系的起点,是千里之行始于足下的第一站。在航空装备维修保障人机训练中,机务人员既要有精于机务业务,也要勤于战术和体能训练,他们在日复一日的训练中,累积了大量且多维度的训练数据。打破数据壁垒、针对性的信息采集、搭建数据仓库、建立丰富的数据源层,是保证训练系统数据纯粹性的关键。

数据采集是指从传感器和其他待测设备等模拟和数字被测单元中自动采集信号,进行分析、处理。其本质是结合基于计算机或者其他专用测试平台的测量软硬件产品来实现灵活的、用户自定义的测量系统,并把这些基础数据按照不同的维度进行整理。实施过程中,这部分工作往往由提出人机训练评估的军事部队来组织、完成,既要设置相应的数据采集指标,又要重视对数据采集的工具使用。

在人机训练评估体系中,对训练系统数据的采集指标,是从线上理论学习、模拟训练器实操与教学、受训人员综合信息三个方面进行把握的。线上理论学习包括原理知识点、操作视频、单机仿真、在线测试;模拟训练器实操与教学,根据训练器类型的不同分别采集设备信息、受训人员信息、教员信息、考核标准、教学考核、实操考核数据;受训人员综合信息,涵盖单个受训人员的基本信息、岗位背景、学业背景、人格特点、政治素质。这三大维度从评估对象和人机训练考核出发,覆盖了训练系统的方方面面,客观、全面地展示了训练过程中的数据变化。

结合数据采集目标与采集指标,应选择相匹配的数据采集技术工具。受训人员资料、岗位背景等基础信息统计主要来源于个人背景填写,其他与考核相关的信息则主要依赖模拟训练器操作数据、计算机在线测试成绩、卷面或面谈结果统计等。采集过程,由专人和专门的系统按标签收录,应保证其具有明确指向性、可归属性、清晰可辨性、原始性和准确性,以确保对评估系统具有积极的指导意义。

此外,值得注意的是,虽然通过对数据的细分以及进一步的采集和录入,得到了丰富的数据源层,但是不能忽略数据本身的动态特征。随着考核评估内容的变化,和未来军事发展的需求,数据采集的指标会随之更新和完善,在动态过程中形成与时俱进、相对纯粹的数据库。

1. 线上理论学习

机务人员从理论学习到动手实操,从熟悉程序到掌握原理,从例行维护到精通排故,他们的业务素质绝非朝夕间形成的。对于机务人员来说,工欲善其事,必先利其器,筑牢基础,永远不能低估基础理论知识的重要性。训练系统中的线上理论学习,是机务人员进入保障领域的一块垫脚石,是获取数据源的关键指标。这一层面的学习中,通过对"原理知识点""操作视频""单机仿真""在线测试"四大方面成果的追踪记录,可以获取到不同机务人员对原理掌握情况的相应数据。

(1)原理知识点。

原理知识点,要求机务人员全面掌握发动机、电气、飞行控制、航空电子等知识,结合飞机的性能原理、相关规章、故障排除进行逐一分析,最终做出正确决断。开设的主要专业课程有理论力学、材料力学、机械原理与机械设计、空气动力学与飞行性能、飞机系统、飞机结构与强度、航空燃气涡轮发动机原理、发动机控制、发动机状态监控与故障诊断、发动机航线维护、维修管理、可靠性理论、微机原理、自动控制原理、航空电气系统、航空电子设备等。

在吃透所学机型的维修保障原理后,还要针对其他机型或新型飞机的特性进行"补课"。及时更新原理体系,重新认知系统结构、面板布局、开关功能、限制参数等,做实、做深、做透并学以致用。对飞机系统越是了如指掌,面对飞行保障时心里就会越有底,遇到故障时就会越能冷静处理。未来,随着航空器维护技术的迭代更新，机务维修人员还要具有电子学、复合材料、机器人以及人/机界面等信息技术能力，这些都将作为原理知识的考核进入到线上理论学习中去。

(2) 操作视频。

操作视频，在日常生活中的应用非常广泛，这里所指的操作视频，是针对机务人员知识理论水平进行强训的多媒体教学工具。它界面友好、形象直观，可以为训练提供图文声并茂的多感官刺激，学习理解起来一目了然。如果在学习后没有理解到位，还可以重复进行播放、温故知新。

(3) 单机仿真。

单机仿真是对物理模拟技术的应用。它主要是通过模拟实车、实兵或实战环境，为受训人员提供尽可能真实的训练现场，图像的仿真程度与实物、实景，几乎可以说是相差无几。仿真场景包括飞行仿真（飞机运动方程计算、推力控制仿真、飞行控制系统仿真）、航电仿真（雷达仿真功能、雷达告警器仿真、敌我识别器仿真、平显仿真、武器管理显示）、武器仿真（航炮仿真、空空导弹仿真）等，以沉浸式体验的魅力，还原真实生动的飞行画面，让机务人员的每一个操作步骤都有迹可循。

(4) 在线测试。

如果说原理知识点、操作视频和单机仿真，是对飞行知识技能的正向输入，那么在线测试则是通过反向测评的考试方法，来检验机务人员对知识技能的掌握程度以及是否具有任职资格。在线测试，与现实考试环境如出一辙，设置具有针对性的题库，由机务人员在线进行答题，以实施"形成性评价"。测试结束后，所有的考核工作都由计算机自动完成，并自动地将考核成绩存储在既定系统中，系统进行自动分析和统计后，形成目标数据。

2. 模拟训练器实操与教学

从基础训练到特情处置，再到红蓝对抗，模拟训练实操与教学是机务人员训练中不可或缺的一环,它是未来空中模拟训练、空中实战训练的前提。结合模拟器装备进行训练,机务人员无须实战装备就能进行操作,通过步骤分解、故障排除和功能使用,来身临其境地体会真实飞行操作与战场需求。模拟训练器的使用,能让受训人员在最短的时间内,以最小代价获取最佳的训练效果。

模拟训练器,按照其功能的不同,可以分为干扰吊舱、数据链系统、飞行控制系统、发动机系统、仪表特设系统、软件和无线电系统等。不同功能的模拟器上,附着了不同的操作手段和差别化的检修方法。比如模拟喷气检查发动机系统是否正常;仪表特设系统里的大气机能感知气象,对飞行状况进行分析;电子自卫干扰系统的搭载,要根据飞机性能和作战要求,进行不同用途的更换等。另外,模拟训练器设备还与机务人员所操作的现役机型同步,比如在无人机训练中,涉及到起降引导站模拟训练、视距通信链路模拟训练、卫星通信链路模拟训练等设备,那么实操和教学也应以此为切入点,进行探索。

模拟训练器的实操与教学,横向上以不同的设备信息作为区分,纵向上则与"受训人员信息""教员信息""考核标准""教学考核""实操考核"等因素息息相关。受训人员对模拟设备的熟悉程度怎样?教员本身的背景信息及教学主张是什么?参考了哪些考核标准?教学考核的细则和行为规范是什么?实操考核的选择时机以及流程怎么定……这些项目,都需在具有交互性和协作性的人机训练中进行主张,提前设置好操作考核所需的检查标准、操作代码、分数、人员信息、评价标准等内容,并将所产生的数据联动处理,以便在其中挖掘出潜在的、事先并不知道的信息。

伴随着人机训练的逐渐深入,模拟训练过程中产生原理考核结果、模拟器实操结果等数据也就越来越丰富。此时由人机训练评估软件系统进行及时收集,便可快速分类并生成相应的结果数据。与原理考核有所区别的是,模拟训练的考核数据更具有实操属性。每一次人机模拟训练的力求精进,都能为部队作战保障积累大量的一手数据。因而,训练过程中,要减少演练套路、增设故障模拟、增加实装操作、检验受训人员从理论向实践的转化。更要通过发动机试车、通电检查、对比测试等机务考核,提高机务人员临机处置、解困破难的应变能力。

3. 受训人员综合信息

机务人员是军事人才的组成部分,是部队作战训练、教育管理和武器装备操作使用、维护修理的重要骨干。想要驾驭信息化战争,离不开一流的人才方阵,人能尽其才则百事兴。

每个人从出生至今,性别不同、家庭培养方式不同、性格形成不同、教育经历不同,所形成的生活阅历、思考习惯、性格特点、工作气质都各有千秋。独特的人生和社会历练,决定了每个受训人员都有一份属于自己的独特"履历"。为了更好、更准确地收集受训人员综合信息,人机训练评估体系将从这份"履历"中筛选出受训人员基本信息、岗位信息、学业背景、人格特点、政治素质五个方面的数据,客观真实地进行整理,形成相对规范化、逻辑化的信息表达。

其中,基本信息包括姓名、年龄、性别、所在班组、学号等;岗位信息包含此前的岗位变动以及现有岗位;学业背景不仅包括在学校教育中获得的学历、成就或奖励,还应涵盖其在进入社会后参加的实践性学习和体系性培训等;人格特点千人千面,有情绪稳定型、外向型、开放型、随和型、谨慎型等;政治素质是军人必备的素质,必须要有坚定不移的政治信念、无比强烈的使命感,以及将爱国主义荣誉作为自身精神旗帜的笃定。

在收集受训人员信息时还应该明确的一点是:尽管他们来自五湖四海,人生经历各不相同,但现在他们都有一个共同的名字——机务人员,有一个志同道合的目标——结合现代战争特点保障飞行安全。因而,信息收集的指标,要秉承与机务人员工作相适用的原则,来逐一建立。

4.2.2 评估平台

继训练系统完成数据源层的工作后,评估平台将通过数据感知与存储层、数据处理层、数据展示层这三个层面的分工协作,完成对数据源层的分析处理及"模拟训练人机绩效的可视化展示"。评估平台的作用,一是使管理决策层完成预定的培训任务,明确培训效能;二是通过学习和训练让受训人员了解自己的强项和弱项,对于自己的短板进行弥补和改变;三是迅速、主动地收集反馈,对教学层面的教员素质和课程系统进行调整;四是总结机务人员在综合演练、综合保障和实兵对抗中的战斗力,为改进今后的训练提供参考,真正建设一支技能扎实、团结肯干的机务人员队伍。

人机训练评估有着不可预见的一面,这一部分价值往往看不见、摸不着,甚至很多场景"只可意会不可言传"。传统评估中,它蕴于战斗力提升、军队管理等无形之中,有一些作用被隐藏起来了。而"模拟训练人机绩效的可视化展示"作为评估平台作用的最终成果落地,它打破了人们双目"看见"的局限,利用可视化技术赋予人们一种仿真的、三维的并且具有实时交互的能力,让人们用以前不可想象的手段来获取信息或发挥自己创造性的思维。

通过人机训练评估的可视化分析,足以清晰地"看到"机务维修人员在训练中的学习态度、学习效能、学习能力、训练结果,"看到"教学过程中的教员表现、教学反馈,"看到"部队管理层在组织实施和管理互信中发挥的作用;"看到"机务人员在综合演练、实兵对抗等项目上的战斗力成果等。

以"航空装备维修保障人机训练评估模型"为指导方针的评估平台,是整个人机训练评估系统的核心。在评估平台上,数据感知与存储层、数据处理层、数据可视化展示层,三大层次依次递进,以极具价值的显性结论,让人机训练体系有了真实评估的内核和可指导训练的决策智慧。

1. 数据感知与存储层

经过前期对线上理论学习、模拟训练器实操与教学、受训人员综合信息等各方面信息的整理,所产生的数据迅速地从"四面八方"汇集而来、聚沙成塔,逐渐积累成了一个高质量、高期待值的数据库。在这套数据库里,接收到的每一个数据都是通过各种训练和统计综合获取的,它们来源于基层部队,数据价值不容小觑,有价值就需要被收纳、被感知、被存储。

随着结构化数据和非结构化数据量的持续增长,以及数据来源的多样化,军事训练对数据效能和数据认识提出了更高的要求。在数据的感知与存储层,有两大工具在不断发挥效应,分别为模拟训练智能感知、激励与数据存储。

(1) 模拟训练智能感知。

在模拟范畴内,"感知-行为"模式最早作为探讨动物与自然界的相互关系的一种心理学思想而出现。如今,非结构化数据的价值日益被重视和深挖,语音、图像、视频、触点等与感知相关的智能感随着模拟训练系统不断更新换代快速发展。像人脸识别、语音识别等感知智能技术,已在安防、教育、医疗等多个领域进行了应用。

模拟训练的智能感知,可连接来自不同传感器的信息,将抽象复杂的操作程序与信息,转变成为可感知、可统计的数据,具有简单性原则、无残留状态原则、高冗余性原则。感知能力越强,数据就越准确,感知的目的是为了指导行为,感知的方式应整体有效。

机务维修人员在人机训练日常训练中,大量的训练数据需要被感知。闪存技术和虚拟化技术的发展,让我们能更好地发展数据感知。如在操作使用武器装备时,所产生的武器装备状态、运行参数等,可以用于对武器装备的技术改进;技术训练中使用模拟器系统时,通过对决策支持信息量、突发事件、决策环境复杂度的设置等,能记录不同条件下受训人员决策的反应时间、装备损耗等数据。这些程序化训练所产生的数据既可评价受训人员的学习效能,还可结合培训背景,挖掘出影响教员、训练设备的内在因素和外在因素,为提高效能找准破局着力点。

如何把具有几十或上百个仿真节点的分布式虚拟环境中的所有数据都记录下来,如何使数据记录工作在仿真过程中没有影响或者影响很小的情况下进行?如何以最低的代价换得最好的数据采集效果?这些都与系统中的数据采集模式相关,与机务保障系统中的数据采集部件相关,要求进行模拟智能感知的软件要灵敏、高效,保证有效数据"凡走过必留下痕迹"。

(2)激励与数据存储。

数据在被采集、被感知后,就会自动进入激励与数据存储这一指定路径。在人类历史上,"存储"二字具有与时俱进的时代意义,从结绳记事,甲骨、竹简、纸张记录,到录音机、摄像机储存、硬盘存储等,每一步都见证了人类文明的发展。不过,这些都属于相对传统的存储方式,存储量小且存储不准确。

在现代科技背景的催化下产生的数据感知存储,就像它的命名一样,用来描述旨在帮助存储过程更加智能、更有效率以及更加安全的具有多种特点的通用术语。存储的关键是把数据持久保存下来,以便在很长一段时间内,让使用者进行横向和纵向的比较,有利于训练水平的稳步提高。它的设计目的是直接取代主存储并加入数据感知的特性,通常处理更大范围内的多个应用程序。数据的存储具有可靠稳定、数据的海量化和快速增长特征,意味着要使用持久耐用、读写速度高的存储设备,借助冗余配置、云计算等弹性扩容存储技术,确保数据存储安全。

人机训练数据存储的目的是通过功能分析得到模拟器各系统的数据流图,并通过系统之间的软硬件接口,将其作为评估平台开发的依据。存储时要求按照章、节、科目分类存储各类机务人员的训练要点,不同机种型号、专业和职务的要点分别存储。在分类时,建议加入便于检索的标签,形成一个分门别类的"数据仓库"。这种分布式架构,既清晰明了,能够达到较高的访问能力,又易于各功能模块之间的数据共享。

对于数据存储来说,实时性是第一位的,数据库在系统运行过程中,应常驻内存,占用空间尽可能小。并以数据价值和周期为管理原则,对海量数据进行分类、过滤和去重,必要时进行转换并加以相关信息。这些要点统一制定、安装在服务器上,一般不允许修改。对于题库的答案难度、系数、分值等,由专家统一制定,提前安装在本机上。从试题库中自动、随机形成考卷及答案,分别存储。

此外,还应提前考虑到加强数据库的安全防护。在军事领域,很多数据涉及武器装备和关键技术等涉密问题,这与数据的网络化、开放性、传播性是矛盾的。要重视数据的安全防护建设,开发相应的数据组织储存技术,加强设备维护,定期升级软件和硬件,引进购买先进数据加密技术、主动防御技术、异地容灾技术和病毒防控技术保证数据安全。

2. 数据处理层

数据在收集、感知、存储过程中,往往来自多个数据源,数据易受噪声影响。部分不可避免的操作失误,也会造成数据丢失、数据冲突等尴尬。因此,尽管已经完成了数据的存储和沉淀,此时数据仍然是大量且杂乱的。对于已经"叠放"在数据库里的数据们来说,须经过思考作用,将丰富的感性材料加以去粗取精、去伪存真、由此及彼、由表及里。想让这些数据经由进一步处理、分析、总结,推导出有价值、有意义的信息,就需要进入下一个关键环节——数据处理层。

按流程来推进,数据处理层依次表现为数据处理、人工智能分析、数学模拟算法、绩效评估模型。整体处理思路为:首先,通过数据处理来去粗取精,减少数据中的"噪音",去除冗余数据;其次,经由人工智能分析、数学模拟算法的手段,将数据进行归约,提高数据的价值密度,清晰表达数据之间的关系;最后,再次对数据进行度量和处理,在大量数据的动态和趋势变化中,数据逐渐可视化,轮廓出现,慢慢形成了一个可用的绩效评估模型。

(1)数据处理。

数据分析离不开数据质量和数据管理,高质量的数据和有效的数据管理,无论是在学术研究还是在商业应用领域,都极具推崇价值。在已形成的人机训练结果数据库中,大量的数据往往包含很多冗余甚至无用的信息。正如在河流中淘金时需要对泥沙一遍一遍地筛选,对于庞杂的数据库,也要想方设法剔除其中的杂质、过滤掉有缺陷的数据。简单来说,对"脏数据"进行清洗。

数据清洗是指发现并纠正数据文件中可识别错误的一道程序,检查数据一致性,处理无效值和缺失值等。这些"脏数据"的来源主要有三大类,包括不完整的数据、错误的数据、重复的数据。其产生原因分别对应着数据结构的采集设备和录入人员有所缺失;数据中包含错误的信息或者存在着部分偏离期望值的孤立点;数据类型冲突或标签冲突。

数据清洗技术包括对数据的不一致检测、噪声数据的识别、数据过滤和修正,有利于提高数据的一致性、准确性、真实性和可用性。数据清洗是一个很重要的萃取过程,虽然耗费时间,但能将原始数据转化为干净的、有组织的信息,关系到后续模型的准确率。录入后的数据清洗是由计算机而非人工完成,相对便捷的计算机技术,能大大提高数据清洗的效率,保证数据洁净度。

(2)人工智能分析。

据德勤发布的《全球人工智能发展白皮书》预测,世界人工智能市场规模到2025年将超过6万亿美元。为抢赢数字经济的发展机遇,各大科技巨头纷纷谋篇布局,多个国家和地区也将人工智能列为优先发展的国家战略,在政策及资源上给予重点支持。如今,人工智能从一种理念逐步转化为可应用的技术,在军事大数据分析、提升军事决策速度和催生新的作战样式等方面具有强大的应用前景。

  狭义上,人工智能也是一种算法,它发生在数据清洗之后,是进一步的数据优化手段。人工智能对数据的处理本质上是数学中的统计学,通过人工智能分析手段,进行数字和趋势的维度分解、行为轨迹、留存分析等操作,判断出人机训练评估的数据之间的关系。

  (3)数学模拟算法。

  使用数学模拟算法建立模型参数、对复杂的数据进行求解,可获得不同过程特性下的计算结果。简单来说,就是根据已建立的数学模型,选用或创造合适的模型求解方法,编制相应的计算程序,并让其在规定技术条件下进行逻辑运算。数学模拟通常在电子计算机上进行,其流程可拆分为分类问题、优化问题、评价问题和预测问题。

  通过模拟算法,将模拟数据与实际数据进行比对,一方面能够化繁为简,完成看似复杂的数据问题;另一方面能落实算法,让定性分析转化为定量分析。比如,将受训人员在原理知识点测评、操作视频、单机仿真、在线测试等中获得的成绩进行对比,设定数学模型展示数据关联度、绘制数据趋势,即可分析各评估指标特点,以及不同受训人员对模拟器训练的掌握情况。

  (4)绩效评估模型。

  在对数据进行数据清洗和建模分析后,其结果将借由可视化输出单元进行展示,继而得到对绩效评估模型的推导。在绩效评估模型中,所有数据的指标逐渐清晰,便于我们寻找一种能平衡目的性、科学性和可操作性的评估模型。在实际操作中,管理层应将受训人员的测试成绩和实际工作表现与既定培训目标相比较,得出机务人员岗位培训的绩效评估结果。

3. 数据可视化展示层

  数据是抽象的,光看数据是没什么作用的,但一旦和实体业务发生关系,或者将结果转化为用户易懂的另一种形式,它的作用就瞬间凸显出来了。数据的最终结果是面向用户,数据的可视化是其终极显示的要义所在。在成功"闯过"数据处理、人工智能分析、数学模拟算法、绩效评估模型等环节后,我们所拥有的数据逐渐具备了实现可视化的基础。在数据展示层,所有的分析推导,都是围绕着模拟训练人机绩效的可视化来展开的。

数据信息可视化,是指将相对枯燥的数据分析与预测分析结果,置换成计算机图形或者图像等相对直观的方式。可视化的界面,可与用户管理进行交互式处理,像看图说话一样一目了然,更容易被受训人员、培训者和管理层三方所接受。数据可视化是数据生态链的最后一公里,除要和良好的交互式技术结合外,还须在挖掘结果或知识模式的可视化、挖掘过程的可视化以及可视化指导用户等方面进行探索和实践。在部队军事训练信息数据挖掘中,可视化发挥着撬动训练潜能的作用,是用户最直接感知数据的关键环节。

为了更好地表现数据展示层的成果,我们以"模拟训练人机绩效的可视化展示"来进行延伸,并围绕建立"航空装备维修保障人机训练评估模型"时所提到的七大层次进行展开。即以受训人员分析、教学反馈分析、知识与技能分析、素质与能力分析、爱心与互信分析、组织与管理分析和训练结果分析为基准,逐一进行可视化。

这一可视化的作用,宏观上体现了军队的管理目标,让管理者、培训者和受训人员拧成了一股绳,使整个组织的目标体系协调一致,为评估体系配置了厚积薄发的外在引力。微观上展示了评估数据所反映的训练实质,指导着机务人员对目前的薄弱项目进行强化,让先进思想内化于心,优良绩效外化于行。

通过评估平台,训练系统中的数据在宏观与微观两个层次上持续"可视",形成了充分、准确的评估结论。同时,为接下来管理层决策环节的推进提供了有力保障。

4.2.3 管理层决策

被称为"当代课程评价之父"的美国课程评价专家泰勒,曾在其目标评价模式中提到过这样一句话,"评价最重要的意图不是为了证明,而是为了改进"。不管评估的指针指向哪个领域,其过程都是全力以赴地奔向目标,其目的都是坚定不移地实现目标。

在日常培训过程中,从入职培训、技能训练、人员培训到企业公开课,任何培训都是有价值的。想要实现培训价值的最大化,既要关注培训过程,还要追踪培训结果。部队是以人和武器装备相结合的有机整体,对于部队来说,能战方能止战,能战才能胜战,人机训练评估的终极要义是坚持评估标准不走样,锻造牢固的"战斗力堡垒"。为了达成这一要义,训练评估不应该仅仅是评估,而要与部队的管理组织和实践工作挂钩。

管理层,是决策的制定者和评估结果的实施者,是受训人员和军队建设之间的"过渡者",在基层管理工作中始终处于主导地位,起着决定性作用。角色认知、领导力、战术布置、人才培养、下属指导、沟通、激励、授权、团队建设等核心管理问题,都需要通过管理层的决策来实现。管理层的重视和支持与否,从很大程度上决定着评估平台上的可视化展示能否有条不紊地按计划进行落实,绩效评估能否循序渐进的顺利展开。

此前,由于没有建立完善的培训评估体系,没有明确的评估目标,评估之前很少来做培训需求的分析,或者针对训练评估结果缺乏落实举措和有效跟踪等,导致训练中的人力和装备投入难以达到预期,管理层决策过程存在障碍。伴随着航空装备保障人机训练评估的深入,管理层在决策时便有了充分依据,以硬举措保障精细化评估"软着陆"。

1. 管理层"向下深入决策"

管理层的承诺、支持、参与、行为,对于培训成果的转化和组织绩效,有着重要的助推作用。管理层期望很高,其结果也会受到正向激励,跟着向好。在实际的变革管理工作中,管理层理应排除各种阻碍,将评估结果落实到管理部门、工作安排、工作计划、工作执行、工作考核中去。通过有步骤、分阶段的"向下深入决策",让评估工作建章立制,真正落实到军事训练变革的每一个细枝末节中。

管理层在"向下深入决策"的过程中,应从评估的可视化结果中找出偏差指标、产生的原因以及存在的问题。并前置考虑以下问题:目前的管理架构是否合理,存在哪些问题?团队人员参差不齐,如何进行管理?工作安排计划是否完整,是否便于执行?工作执行中有哪些细节,应该妥善处置?考核策略应该怎样调整?评估在实施过程中应集合哪些力量?

根据评估暴露出的短板弱项,进一步优化配置教学资源,进行集课堂教育、实装训练、模拟训练、虚拟仿真训练和网络教学为一体的实战化专业化特色教学训练。比如,根据评估依据约束彼此权利义务、建立必要的激励措施,搭建顺畅、可执行的组织架构;从评估时间、评估方法、评估指标和标准、评估者和被评估对象等方面制定细则,形成具有可指导性和可操作性的计划;结合自身情况,开展形式多样,内容丰富的装备管理、人机交互组织训练;落实执行细节,避免评估结果成为放在抽屉里或者文件夹里的一纸空文;让机务人员认识到武器装备信息化建设工作的重要性,积极的学习信息化知识;日常工作中加强训练,让所学知识内化于心等。

"向下深入决策"不是一个人的事情,也不是短期目标行为,要根据对以上问题的思考形成制度化保障,制定出具有确切性、可检验性和可衡量性的绩效管理制度。适当对部门架构或者对工作内容进行重新布局,也有助于评估反馈顺畅地实现下沉执行。

快速下沉的保障,一方面来自制度化执行,另一方面来自柔性人文管理。制度化的保障,是从硬指标上圈定范围,让组织在相应的框架中良性运转,不脱轨,不偏差,让评估平台在实战训练中的操作拥有了可持续性发展动力。不过值得注意的是,由于组织文化氛围、精神气候对人员具有明显的心理影响和行为规范作用,因此还需要一些柔性人文管理的方式来进行驱动。

柔性人文管理建立在"社会人"和"复杂人"基础之上,着重考虑机务人员的社会需求和心理因素,具体包括建立互信、形成激励制度、强化组织文化等。以建立互信为例,它是受训人员与培训者的互相信任,是双方基于沟通交流、价值共创等共识之上建立的。互信可以打破人与人之间的隔阂、不愉快,具有客观、持久的影响力。既能让双方在训练过程中增强互动,提升教学效果,也能形成组织合力,让团队形成团结一心、积极向上、互帮互助的良好氛围。这种来自柔性的约束力,在管理层"向下深入决策"过程中可实现事半功倍的放大效果。

发挥人机训练评估体系的"管理层决策"作用时,着重要注意的是,任何事情从量变到质变都不是一个短暂的过程。如果管理者没有持之以恒的"举轻若重",做好每一个细节的务实精神,就达不到"举重若轻"的境界。这就是为什么训练评估体系,要将管理层决策纳入进来并不断强调的关键所在。在接下来的章节中,还会围绕"训练评估的落实和管理"来进行展开,从具体的方式方法上提供具有指导意义的操作细则。

2. 管理层"向上反馈决策"

作为训练评估成果的执行者,管理层在实现了"向下深入决策"的转化后,是否就意味着评估已经结束了?事实上并非如此,在我们所搭建的航空装备维修保障人机训练评估体系中,这一过程只展现了管理层决策的一部分功能。管理层决策的另一部分功能,则体现在回到训练系统数据收集的源头,将此次评估所产生的结果进行反馈,为下一次评估带来明确的调整方向,即发挥其"向上反馈决策"的衔接作用。

管理层的"向上反馈决策"建立在"向下深入决策"的基础之上。经过一系列制度保障、管理心理学的应用与落实,此时训练系统中存在的经验或漏洞、存在的管理问题都清晰可见。对于其中确认正确、为宝贵经验的部分,要将其发扬光大,让受训人员深入强化训练,让教员再接再厉继续精进。对于其中暴露出来的短板则应该进行反思,重新拟定训练方法、考核标准、测试题目或训练装备,补足漏洞。

与"向下深入决策"的贯彻落实不同,"向上反馈决策"是从头再来的路径返回,是二次进入人机训练循环系统的重要步骤。之所以强调这一步,是因为从训练中获得成果、落实成果只是评估意义的 A 面,其 B 面还对应着下一次的训练。管理层决策向上训练系统进行链接,可回到数据源层,对受训人员学习、教员培训、教材教法进行调整,继而在下一次评估中形成新的数据库,保证部队建设与战斗力生成模式的正确性和高效性。

在执行"向下"和"向上"的决策过程中,管理层应结合部队军事训练实际,主动担负起人机训练评估体系中的各项轨迹记录。重视培训评估材料的总结、归纳和整理,借助归档、记录等方式建立信息系统,或者凝练出新的训练指标,真正为此后人机训练体系化的进一步提升,保持"时刻准备着"的状态。

第3节 让评估体系可持续发展

在以往的人机训练中,执行的往往是"从训练系统向管理层决策"的单向运转,没有评估平台的支持,没有评估流程的指导,训练基本上凭借经验主义"摸石头过河"。有些管理者工作相对死板,或者面对新事物时缺乏思路,最终陷入到了"晚上想想千条路,早上醒来走原路"的循环中。

本章节中所研究的航空装备维修保障人机训练评估体系,以"训练系统、评估平台和管理层决策"为三个子系统,相互契合。尽最大可能地校正了以前评估中存在的问题,并形成了更科学、更成熟、更高层次的评估依据。

其中,训练系统是"确定需求"后的第一步,是整个体系的起点。集结了线上理论学习、模拟训练器实操与教学、受训人员综合信息等众多真实数据,展示了由海量数据支撑起来的真实人机训练现状;评估平台是训练系统的下一个环节,也是整个体系的"大脑",它敏锐地接收到了来自训练系统的信息,利用数据感知与存储、数据处理,形成了包含航空装备维修保障人机训练评估模型七个层次的可视化展示;管理层决策,承接评估平台的绩效分析,发挥管理部门、工作执行、工作安排计划和考核的指导作用落实管理,并将管理过程中遇到的优点、难点或存疑点送达训练系统,反过来从数据源头起到矫正、强化作用。

基于数据库的人机训练评估体系创新之处在于,评价结果并不是终点,而是继续在管理层决策的环节中,对评估流程中出现的问题及时规避,对绩效训练评估得到的结果进行放大、导入。及时消化、吸收后再反馈调整,继续回到训练系统这个"起点",进行"回头看",为下一次的评估做好铺垫。

也就是说,这三大子系统互为承前启后的作用,形成了一个连续不断的循环。从"起点"到"终点",再从"终点"迈向更高"起点","起点"与"终点"之间的界限被模糊,改进的结果亦是持续的过程。通过不断地反馈实践,人机训练评估体系被赋予了"新陈代谢"这一丰富内涵,从而打通了机务维修人员培养的"路线图"。

最为核心的是,不同于事物周而复始地运动或重复变化的纯粹式机械循环,人机训练评估体系所打造的循环是动态的,是一个持续的"检验"和"纠偏"过程。评估体系的应用频次越高、应用范围越广,体系的标准化价值就越高,就越能确保人机训练在正确的轨道上前进。也就意味着,该评估体系可以立足机务各专业工作需求,针对评估中产生的变化及时调整,并不断创新,随着军队对机务人员要求的调整而持续升级。既体现了整个体系的循环作用价值,也让评估体系具备了可持续发展的独特意义。

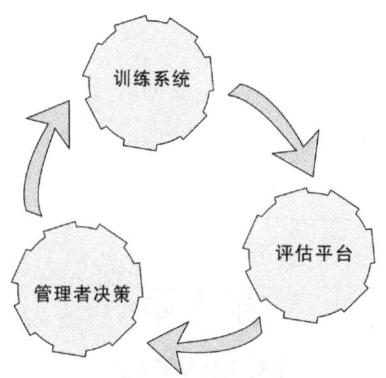

图4-3　三大平台相互作用,实现系统可持续

长此以往,人机训练评估体系将紧跟装备技术的发展、保障模式的改革,造就大批担当强军重任的新型高素质机务人才,成为建设具有新时代特色的空军一流部队的"风向标"。当日渐成熟的人机训练评估体系,逐渐成为提高军队战斗力的重要手段,那么其应用范围或许就不仅仅限于机务范畴,还可为其他军种或者岗位提供"解题思路"。

第 5 章
评估算法

评估模型主要定义了评估内容,对于如何评估,采用什么算法,没有定义说明。在指标评估中,主要分为"单项指标"评估和"综合指标"评估。单项指标评估较为简单,如根据成绩分数,划分对知识点的等级评价(了解、理解、掌握三个等级);综合指标评估比较复杂,如评估某受训人员的"素质与能力",它是对训练考勤、纪律、学习,以及自我评价、班组评价、教员评价等的综合评估。本章主要介绍综合指标评估算法。

第 1 节 综合指标中各因素的"权重"分配

在进行一些综合指标评估中,综合指标包含很多因素,如果能够科学赋予各个因素的权重,那么在对评估进行计算时就简单了。

例如:我们给"教员授课能力评估"进行综合评估:

表 5-1 教员授课能力评估

评估项目	评估得分	分项得分	权重	因素
教员授课能力		95	35%	专业技术能力：
		85	30%	宣讲能力：
		80	20%	尽责度：
		60	15%	耐心度：
……	……	……	……	……

教员授课能力评估，关键是权重如何分配，一般都是根据个人喜好，或经验分配，如果考虑因素比较多，主观直接赋予权重就有片面性。

下面我们介绍 AHP 层次分析法，并用一个通俗的例子来说明权重的分配方法。

第2节　AHP 层次分析法

5.2.1　权重设置举例

例1：如果按重量来分配权重，是最自然合理的。

例如一块石头重量记为1，打碎分成 n 小块，各块的重量分别记为：w_1，w_2，…w_n，那么把小石块的重量归一化就是各个小石块的权重。按重量法则，这种权重分配是显然的。

例2：一个"旅游选址"示例。

旅游选址：假期旅游，是去风光秀丽的苏州，还是去凉爽宜人的北戴河，或者是去山水甲天下的桂林？通常会依据景色、费用、居住条件、旅途等因素选择去哪个地方。

这里的目的是"选址旅游地"，考虑5个准则"景色""费用""居住""饮食""旅途"，方案有3个"桂林""苏州""北戴河"。

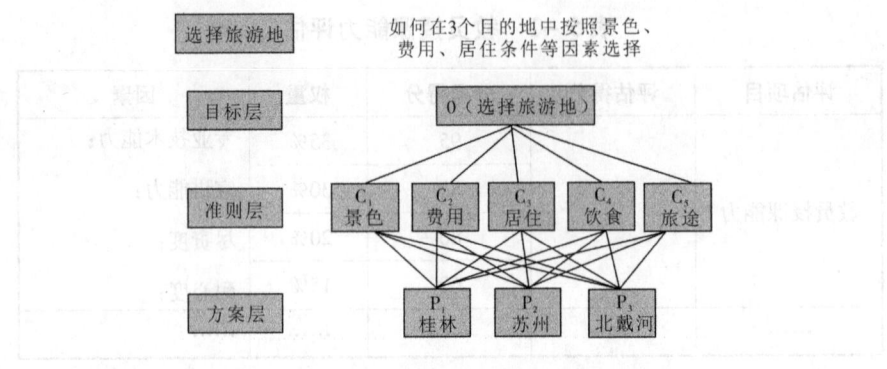

图 5-1 "旅游选址"的层次展示

这里需要确定的权重是准则层的一般权重,以及针对每个准则,方案中三个地方的权重。根据"感觉"直接赋予这些权重,难免有失偏颇,不好权衡比较。

例 1 的权重分配是根据客观重量分配权重,合理性是显然的,例 2 的权重分配一般具有主观性,如何做到尽量合理,就是我们下面要研究的 AHP 层次分析法。在层次分析方法中,用例 1 得到最佳的权重分析数学方法,再近似得出一般的权重分配方法,如例 2 这样的问题。

AHP 层次法的主要思想是,在准则或方案中,只让你确定任意两两要素之间的权重比,然后通过一个算法,把所有权重计算出来。通常两两要素的权重是容易权衡的,如你的经济情况比较好,"景色"和"费用"的权重比可以高一点,即考虑"景色"的权重大,"费用"花销权重小。AHP 算法就是通过主观两两比较确定相对权重,再通过一个算法确定考虑所有要素的权重。

5.2.2 AHP 方法原理

层次分析法(AHP)是美国运筹学家匹茨堡大学教授萨蒂(T. L. Saaty)于 20 世纪 70 年代初,为美国国防部研究"根据各个工业部门对国家福利的贡献大小而进行电力分配"课题时,应用网络系统理论和多目标综合评价方法,提出的一种层次权重决策分析方法。

这种方法的特点是在对复杂的决策问题的本质、影响因素及其内在关系等进行深入分析的基础上,利用较少的定量信息使决策的思维过程数学化,从而为多目标、多准则或无结构特性的复杂决策问题提供简便的决策方法。层次分析法在经济、科技、文化、军事、环境乃至社会发展等方面的管理决策中都有广泛的应用。

在确定各层次各因素之间的权重时,如果只是定性的结果,则常常不容易被别人接受,因而 Saaty 等人提出构造:成对比较矩阵 $A = (a_{ij})_{n \times n}$,即:

(1)不把所有因素放在一起比较,而是两两相互比较。

(2)对比时采用相对尺度,尽可能减少性质不同的诸因素相互比较的困难,以提高准确度。

成对比较矩阵是表示本层所有因素针对上一层某一个因素的相对重要性的比较。判断矩阵的元素 a_{ij} 用 Saaty 的 1—9 标度方法给出。

心理学家认为成对比较的因素不宜超过 9 个,即每层不要超过 9 个因素。

判断矩阵元素 a_{ij} 的标度方法:判断矩阵元素的取值(1—9 标度法)

为了使判断定量化,层次分析法采用 1—9 标度方法,对不同情况的评比给予数量尺度(共 17 个)。

标度	含义(a_i 与 a_j 相比)
1	前者与后者具有同样重要性(a_i 与自身相比)
3	前者比后者稍微重要
5	前者比后者明显重要
7	前者比后者强烈重要
9	前者比后者极端重要
2,4,6,8	上述两相邻判断的中间值
上述值的倒数	若因素 i 与 j 相比为 a_{ij},则因素 j 与 i 相比为 $a_{ji} = 1/a_{ij}$

对于 n 个元素 $A_1, \cdots, A_n$ 来说,通过两两比较,得到成对比较(判断)矩阵 $A = (a_{ij})n \times n$:

其中判断矩阵具有如下性质:

(1) $a_{ij} > 0$;

(2) $a_{ij} = 1/a_{ji}$;

(3) $a_{ii} = 1$。

我们称 A 为正互反矩阵。

根据性质(2)和(3),事实上,对于 n 阶判断矩阵仅需对其上(下)三角元素共 $n(n-1)/2$ 个给出判断即可。有了成对比较矩阵,可以通过算法求出权重向量。

现在我们以例1为例,来研究权重算法。其实这个权重就是成对比较矩阵的一个特征向量。我们以例1来研究。

例1 一块石头重量记为1,打碎分成 n 小块,各石块的重量分别记为: $w_1, w_2, \cdots w_n$,其权重就是 $w_1, w_2, \cdots w_n$。

可得成对比较矩阵:

(1)
$$A = \begin{bmatrix} 1 & \dfrac{w_1}{w_2} & \cdots & \dfrac{w_1}{w_n} \\ \dfrac{w_2}{w_1} & 1 & \cdots & \dfrac{w_2}{w_n} \\ \vdots & \vdots & \vdots & \vdots \\ \dfrac{w_n}{w_1} & \dfrac{w_n}{w_2} & \cdots & 1 \end{bmatrix}$$

由矩阵可以看出:

$$\frac{w_i}{w_j} = \frac{w_i}{w_k} \cdot \frac{w_k}{w_j}$$

即:$a_{ik} \cdot a_{kj} = a_{ij}$

在正互反矩阵 A 中,若 $a_{ik} \cdot a_{kj} = a_{ij}$,($A$ 的元素具有传递性)则称 A 为一

致阵。一致性就是重要性的传递性,当甲比乙重要,乙比丙重要,那么甲肯定比丙重要。

一致阵具有一个数学定理:

定理 1:n 阶正互反矩阵 A 的最大特征根 $\lambda \geq n$;当 $\lambda = n$ 时 A 是一致阵。n 阶正互反阵 A 是一致阵的充要条件为,A 的最大特征根 $\lambda = n$。

特征根的定义如下:

$$Aw = \lambda_{max} w$$

$W = [w_1, w_2, \cdots w_n]$ 是特征向量,我们用例 1 标准的具有一致性的成对比较矩阵,很容易验证 $\lambda = n$。

因此 AHP 寻找权重的算法,其实就是计算成对比较矩阵最大特征根的特征向量。如果成对比较矩阵具有一致性,那么寻找权重的算法就是最大特征根的特征向量。

但是,由我们主管两两比较得出的成对比较矩阵,不一定严格满足一致性,但在多数情况下,依然可以用最大特征根的特征向量来近视作为权重,近视程度的好坏有一个一致性指标来衡量。

我们来研究例 2 说明具有不一致性的成对比较矩阵问题。

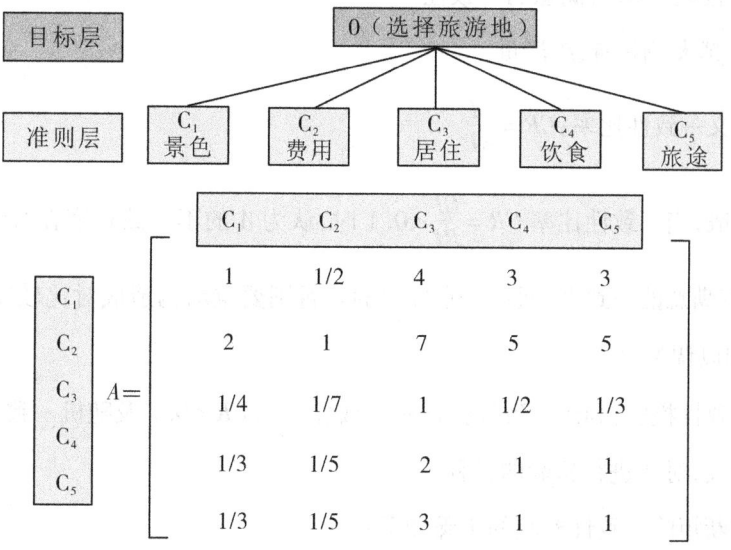

例2的成对比较矩阵中,可以看出不满足一致性。

一般地,我们并不要求判断具有这种传递性和一致性,这是由客观事物的复杂性与人认识的多样性所决定的。但在构造两两判断矩阵时,要求判断大体上的一致是应该的。出现甲比乙极端重要,乙比丙极端重要,而丙又比甲极端重要的判断,一般是违反常识的。一个混乱的经不起推敲的判断矩阵有可能导致决策的失误,而且当判断矩阵过于偏离一致性时,用上述各种方法计算的排序权重作为决策依据,其可靠程度也值得怀疑。因而必须对判断矩阵的一致性进行检验。

由于 λ(A 的特征根)连续的依赖于 a_{ij},则 λ 比 n 大的越多,A 的不一致性越严重。引起的判断误差越大。因而可以用 $\lambda - n$ 数值的大小来衡量 A 的不一致程度。

定义一致性指标:

$$CI = \frac{\lambda - n}{n - 1}$$

$CI = 0$,有完全的一致性

CI 接近于 0,有满意的一致性

CI 越大,不一致越严重

定义一致性比率:$CR = \frac{CI}{RI}$

一般,当一致性比率 $CR = \frac{CI}{RI} < 0.1$ 时,认为 A 的不一致程度在容许范围之内,有满意的一致性,通过一致性检验。否则要重新构造成对比较矩阵 A,对 a_{ij} 加以调整。

一致性检验:利用一致性指标和一致性比率 $CR < 0.1$ 及随机一致性指标的数值表,对 A 进行检验的过程。

判断矩阵一致性检验的步骤如下:

(1) 计算一致性指标 $C.I.$：$C.I. = \dfrac{\lambda max - n}{n - 1}$

其中 n 为判断矩阵的阶数；

(2) 查找平均随机一致性指标 $R.I.$：

平均随机一致性指标是多次(500 次以上)重复进行随机判断矩阵特征根计算之后取算术平均得到的。龚木森、许树柏 1986 年得出的 1—15 阶判断矩阵重复计算 1000 次的平均随机一致性指标如下：

阶数	1	2	3	4	5	6	7	8
$R.I.$	0	0	0.52	0.89	1.12	1.26	1.36	1.41
阶数	9	10	11	12	13	14	15	
$R.I.$	1.46	1.49	1.52	1.54	1.56	1.58	1.59	

(3) 计算一致性比例 $C.R. = \dfrac{C.I.}{R.I.}$

当 $C.R. < 0.1$ 时，一般认为判断矩阵的一致性是可以接受的。否则应对判断矩阵作适当的修正。

我们选择来计算矩阵 A 的特征根：

$$A = \begin{bmatrix} 1 & 1/2 & 4 & 3 & 3 \\ 2 & 1 & 7 & 5 & 5 \\ 1/4 & 1/7 & 1 & 1/2 & 1/3 \\ 1/3 & 1/5 & 2 & 1 & 1 \\ 1/3 & 1/5 & 3 & 1 & 1 \end{bmatrix}$$

最大特征根：$\lambda_{max} = 5.073$

一致性指标：$CI = \dfrac{5.073 - 5}{5 - 1} = 0.018$

随机一致性指标 $RI = 1.12$（查表）

一致性比率 $CR = 0.018/1.12 = 0.016 < 0.1$，通过一致性检验。

现在存在一个理论问题,不具有一致性的矩阵,是否具有最大特征根和有意义的特征向量(特征向量都为正)。下面定理回答了这个问题。

特征根方法的理论依据是如下的正矩阵的 Person 定理,它保证了所得到的排序向量的正值性和唯一性:

定理 2 设 n 阶方阵 $A>0$, λ_{max} 为 A 的模最大的特征根,则有

(1) λ_{max} 必为正特征根,而且它所对应的特征向量为正向量;

(2) A 的任何其他特征根 λ 恒有 $|\lambda|<\lambda_{max}$;

(3) λ_{max} 为 A 的单特征根,因而它所对应的特征向量除差一个常数因子外是唯一的。

定理 2 保证了成对比较矩阵可以找到最大特征根及其有意义的特征向量。那么成对比较矩阵在满足一致性检验后,可以用其最大特征根对应的特征向量来作为权重。

5.2.3 AHP 的步骤

1. 建立层次结构模型

该结构图包括目标层、准则层、方案层。

2. 构造成对比较矩阵

从第二层开始用成对比较矩阵和 1—9 尺度。

3. 计算单排序权向量并做一致性检验

对每个成对比较矩阵计算最大特征值及其对应的特征向量,利用一致性指标、随机一致性指标和一致性比率做一致性检验。若检验通过,特征向量(归一化后)即为权向量;若不通过,需要重新构造成对比较矩阵。

4. 计算总排序权向量并做一致性检验

计算最下层对最上层总排序的权向量。

利用总排序一致性比率进行检验,若通过,则可按照总排序权向量表示的结果进行决策,否则需要重新考虑模型或重新构造那些一致性比率 *CR* 较

大的成对比较矩阵。

例2的完整算法：

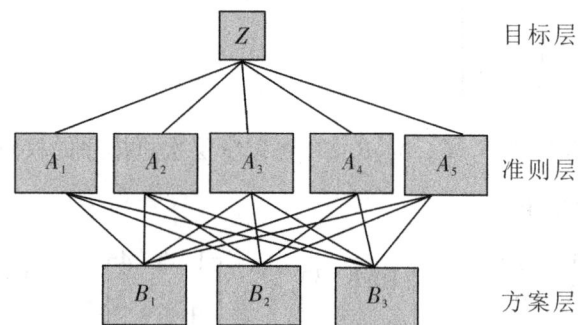

A_1、A_2、A_3、A_4 分别表示景色、费用、居住、饮食、旅途。

B_1、B_2、B_3 分别表示苏杭、北戴河、桂林。

(1) 准则层的成对比较矩阵：

$$A = \begin{bmatrix} 1 & \frac{1}{2} & 4 & 3 & 3 \\ 2 & 1 & 7 & 5 & 5 \\ \frac{1}{4} & \frac{1}{7} & 1 & \frac{1}{2} & \frac{1}{3} \\ \frac{1}{3} & \frac{1}{5} & 2 & 1 & 1 \\ \frac{1}{3} & \frac{1}{5} & 3 & 1 & 1 \end{bmatrix}$$

最大特征值 $\lambda_{max} = 5.073$

该特征值对应的归一化特征向量：$w = \{0.263, 0.475, 0.055, 0.099, 0.110\}$

一致性检验：

$CI = 0.018 \quad RI = 1.12 \quad CR = \dfrac{0.018}{1.12} = 0.016 < 0.1$

(2) 在 A_1 条件下，方案层的成对比较矩阵：

$$B_1 = \begin{bmatrix} 1 & 2 & 5 \\ \frac{1}{2} & 1 & 2 \\ \frac{1}{5} & \frac{1}{2} & 1 \end{bmatrix}$$

对成对比较矩阵 B_1, B_2, B_3, B_4, B_5 可以求层次总排序的权向量并进行一致性检验,结果如下:

$$B_2 = \begin{bmatrix} 1 & \frac{1}{3} & \frac{1}{8} \\ 3 & 1 & \frac{1}{3} \\ 8 & 3 & 1 \end{bmatrix} \quad B_3 = \begin{bmatrix} 1 & 1 & 3 \\ 1 & 1 & 3 \\ \frac{1}{3} & \frac{1}{3} & 1 \end{bmatrix} \quad B_4 = \begin{bmatrix} 1 & 3 & 4 \\ \frac{1}{3} & 1 & 1 \\ \frac{1}{4} & 1 & 1 \end{bmatrix} \quad B_5 = \begin{bmatrix} 1 & 1 & \frac{1}{4} \\ 1 & 1 & \frac{1}{4} \\ 4 & 4 & 1 \end{bmatrix}$$

k	1	2	3	4	5
ω_{k1}	0.595	0.082	0.429	0.633	0.166
ω_{k2}	0.277	0.236	0.429	0.193	0.166
ω_{k3}	0.129	0.682	0.142	0.175	0.668
λ_k	3.005	3.002	3	3.009	3
CI_k	0.003	0.001	0	0.005	0
RI_k	0.58	0.58	0.58	0.58	0.58

$CR = (0.263 \times 0.003 + 0.475 \times 0.001 + 0.055 \times 0 + 0.099 \times 0.005 + 0.110 \times 0)/0.58$

计算 CR_k 可知 B_1, B_2, B_3, B_4, B_5 通过一致性检验。

(3) 计算层次总排序权值和一致性检验:

B_1 对总目标的权值为: $0.595 \times 0.263 + 0.082 \times 0.475 + 0.429 \times 0.055 + 0.633 \times 0.099 + 0.166 \times 0.110 = 0.3$

同理得, B_2, B_3 对总目标的权值分别为: $0.246, 0.456$

最后的决策依据：$\{0.3, 0.246, 0.456\}$

即各方案的权重排序为：$B_3 > B_1 > B_2$

例：干部选拔

某单位拟从 3 名干部中选拔一名领导，选拔的标准有政策水平、工作作风、业务知识、口才、写作能力和健康状况。下面用 AHP 方法对 3 人综合评估、量化排序。

(1) 建立层次结构模型：

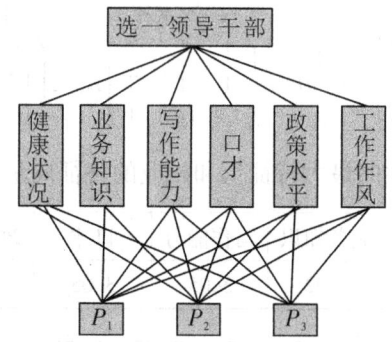

(2) 构造成对比较矩阵及层次单排序：

	健康情况	业务知识	写作能力	口才	政策水平	工作作风
健康情况	1	1	1	4	1	1/2
业务知识	1	1	2	4	1	1/2
写作能力	1	1/2	1	5	3	1/2
口才	1/4	1/4	1/5	1	1/3	1/3
政策水平	1	1	1/3	3	1	1
工作作风	2	2	2	3	1	1

A 的最大特征值：$\lambda_{max} = 6.35$

相应的特征向量为：$w^{(2)} = \{0.16, 0.19, 0.19, 0.05, 0.12, 0.30\}^T$

一致性指标：$C_1 = \dfrac{6.35-6}{6-1} = 0.07$

随机一致性指标 $RI = 1.24$（查表）：一致性比率 $CR = 0.07/1.24 = 0.0565 < 0.1$，通过一致性检验。

(3) 3 人关于 6 个标准的成对比较矩阵为：

$$B_1^{(3)} = \begin{pmatrix} 1 & 1/4 & 1/2 \\ 4 & 1 & 3 \\ 2 & 1/3 & 1 \end{pmatrix} \text{健康情况} \quad B_2^{(3)} = \begin{pmatrix} 1 & 1/4 & 1/4 \\ 4 & 1 & 1/2 \\ 5 & 2 & 1 \end{pmatrix} \text{业务知识} \quad B_3^{(3)} = \begin{pmatrix} 1 & 3 & 1/3 \\ 1/3 & 1 & 1 \\ 3 & 1 & 1 \end{pmatrix} \text{写作能力}$$

$$B_4^{(3)} = \begin{pmatrix} 1 & 1/3 & 5 \\ 3 & 1 & 7 \\ 1/5 & 1/7 & 1 \end{pmatrix} \text{口才} \quad B_5^{(3)} = \begin{pmatrix} 1 & 1 & 7 \\ 1 & 1 & 7 \\ 1/7 & 1/7 & 1 \end{pmatrix} \text{政策水平} \quad B_6^{(3)} = \begin{pmatrix} 1 & 7 & 9 \\ 1/7 & 1 & 5 \\ 1/9 & 1/5 & 1 \end{pmatrix} \text{工作作风}$$

由此可求得各属性的最大特征值和相应的特征向量。

特征值	健康情况	业务知识	写作能力	口才	政策水平	工作作风
	3.02	3.02	3.05	3.05	3.00	3.02

$$W^{(3)} = \begin{pmatrix} 0.14 & 0.10 & 0.32 & 0.28 & 0.47 & 0.77 \\ 0.63 & 0.33 & 0.22 & 0.65 & 0.47 & 0.17 \\ 0.24 & 0.57 & 0.46 & 0.07 & 0.07 & 0.05 \end{pmatrix}$$

均通过一致性检验

(4) 层次总排序及一致性检验：

$$W = W^{(3)} W^{(2)} = \begin{pmatrix} 0.14 & 0.10 & 0.32 & 0.28 & 0.47 & 0.77 \\ 0.63 & 0.33 & 0.22 & 0.65 & 0.47 & 0.17 \\ 0.24 & 0.57 & 0.46 & 0.07 & 0.07 & 0.05 \end{pmatrix} \begin{pmatrix} 0.16 \\ 0.19 \\ 0.19 \\ 0.05 \\ 0.12 \\ 0.30 \end{pmatrix}$$

$$W = \begin{pmatrix} 0.40 \\ 0.34 \\ 0.26 \end{pmatrix}$$

即在 3 人中应选择 A 担任领导职务。

第 3 节 不完全层次结构中组合权向量的计算

不完全的层次机构会出现在不少评价、决策问题中,如学校要评价教师的贡献,粗略地只考虑教学与科研两个指标,若 P_1, P_2, P_3, P_4 四位老师中 P_1, P_2 只从事教学,P_4 只搞科研,P_3 二者兼顾,那么层次结构模型如下图。C_1, C_2 支配因素的数目不等。

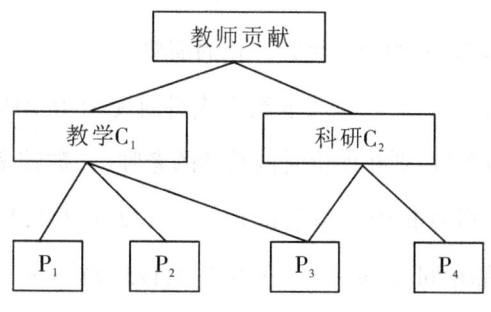

图 5-2 层次结构模型

我们具体设第 2 层有 2 个因素 C_1, C_2,它们对第 1 层的权向量 $w^{(2)} = (w_1^{(2)}, w_2^{(2)})$ 已经确定,因为第 3 层共 4 个因素,所以 $w_1^{(3)}, w_2^{(3)}$ 都应是四维向量,当某一因素不受 C_1 或 C_2 支配时,权向量的相应分量为零。两个权向量 $w_1^{(3)} = (w_{11}^{(3)}, w_{12}^{(3)}, w_{13}^{(3)}, 0)^T$ 和 $w_2^{(3)} = (0, 0, w_{23}^{(3)}, w_{24}^{(3)})^T$ 也已分别从成对比较阵算出。

在不完全层次结构组合权向量的计算中,是否应考虑以及怎样考虑支配因素数不等的影响,我们设 2 个加权因子,第 3 层的因素 P_1, P_2, P_3 受 C_1 支配,记 $n_1 = 3$。P_3, P_4 受 C_2 支配,记 $n_2 = 2$。

下面讨论由 $w^{(2)}$ 和 $W^{(3)} = (w_1^{(3)}, w_2^{(3)})$ 计算第 3 层对第 1 层的组合权向量 $w^{(3)}$ 的方法。

(1) 不考虑支配因素数目不等的影响,像完全层次机构计算一样,即

$$w^{(3)} = W^{(3)} w^{(2)} \tag{1}$$

第 3 层指标分别属于第 2 层的每一准则,所以每个指标对目标的组合权重,应该等于它对所属准则的权重乘以这个准则对目标的权重,这正是(1)式所表示的。

(2) 支配因素越多相对权重越大。用支配以俗的数目对权向量 $w^{(2)}$ 进行加权,修正,再计算 $w^{(3)}$,仍用前面的记号,有

$$\tilde{w}^{(2)} = (n_1 w_1^{(2)}, n_2 w_2^{(2)})^T \cdot (n_1 w_1^{(2)} + n_2 w_2^{(2)})^{-1} \tag{2}$$

$$w^{(3)} = W^{(3)} \tilde{w}^{(2)} \tag{3}$$

其中(2)式右端后面的因子是归一化的需要

在贡献的评比中,如果教师从事教学或科研完全由上级安排,那么若不考虑教学与科研的人数,则在评价时搞教学的老师(人数较多)将吃亏。譬如教学与科研两个准则的重要性相同,即 $w^{(2)} = (1/2, 1/2)^T$,4 位老师不论从事教学或科研,能力都相同,即 $w_1^{(3)} = (1/3, 1/3, 1/3, 0)^T$,$w_2^{(3)} = (0, 0, 1/2, 1/2)^T$. 公正的评价应是,被安排只搞教学或科研的 P_1, P_2, P_4 的贡献相同,而 P_3 的贡献为他们的一倍。但是按(1)式得到的是 $w^{(3)} = (1/6, 1/6, 5/12, 1/4)^T$. 用(2)、(3)式才会得到合理的结果 $w^{(3)} = (1/5, 1/5, 2/5, 1/5)^T$。

(3) 支配因素越多项对权重越小。用支配因素的倒数对 $w^{(2)}$ 加权,(2)式变为

$$\tilde{w}^{(2)} = \left(\frac{w_1^{(2)}}{n_1}, \frac{w_2^{(2)}}{n_2}\right)^T \cdot \left(\frac{w_1^{(2)}}{n_1} + \frac{w_2^{(2)}}{n_2}\right)^{-1} \tag{4}$$

如果教师从事教学和科研完全靠发挥个人的积极性那么可以考虑这种评价模式,以鼓励从事人数较少的那一类工作($n_2 < n_1$)的老师。

第4节 层次分析法的优点和局限性

从层次分析法的原理、步骤、应用等方面的条件不难看出它有以下优点：

(1) 系统性。层次分析法把研究对象作为一个系统，按照分解、比较判断、综合的思维方式进行决策，称为继机理分析、统计分析之后发展起来的系统分析的重要工具。

(2) 实用性。层次分析把定性和定量方法结合起来，能处理很多传统的优化技术无法着手的实际问题，应用范围广。同时，这种方法将决策者和决策分析者相互沟通，决策者甚至可以直接应用它，这就增加了决策的有效性。

(3) 简洁性。具有中等文化程度的人即可了解层次分析的基本原理和掌握它的基本步骤，计算也非常简便，并且所得的结果简单明确，容易为决策者了解和掌握。

层次分析法的局限性可以用囿旧、粗略、主观等词来概括。就是说，第一，它只能从原有方案中选优，不能生成新的方案；第二，它的比较、判断直到结果都是粗糙的，不适于精度要求很高的问题；第三，从建立层次结构模型到给出成对比较阵，人的主观因素的作用很大，这就使得决策结果可能难以为众人接受。当然，采取专家群体判断的办法是克服这个缺点的一种途径。

第 6 章
训练评估模型分析应用

回溯第三章"航空装备维修保障人机训练评估模型",其详细阐释了评估模型建立的依据、方法、内容及评估活动开展的流程,并将评估分为受训人员分析、教学反馈分析、学习效能分析、态度与能力分析、协同与互信分析、组织与管理分析、训练结果分析七个层级。

在运用模型中的七大层级进行评估工作开展时,除要理清评估层次、掌握评估原则外,还应对各层级进行更为精细的一般性描述。以"训练结果分析"为例,都有哪些训练产生了结果?成绩是高是低?受训机务人员是否都完成了训练?操作错误是人为原因还是设备原因?……通过层层找"答案",这一层级便会被精细化裂变为一些具体的描述指标,比如得分率、训练进度、错误数量等。继而结合各指标内容及权重,即可形成该层级的评估内容。

评估指标和权重的明确,让评估从粗放型向精细型迈进,是开展评估活动的必要前提。有了具备延展性和前瞻性的评估指标,评估者在评估时就可以直接"拿来主义",对照指标进行逐一梳理,既科学合理,又大大缩短了评估时长、分解了评估压力。

为更好地展示这些指标,本章节将依据评估模型架构,依次对七大层级进行分析,厘清多个要素之间的彼此关联。继而引入对照组及前测—后测,对军事效应的提升进行有参考价值的定性、定量分析。

第1节 受训人员分析

在航空装备维修保障评估模型中,参与人机训练的机务人员是评估开展的受训对象。加强机务维修人员的培养力度,可促使机务技能由操作型、技能型向专家型、复合型、工匠型、管理型转变,为空军军事力量提供重要补充来源。

机务维修人员本身的素质及自身经历,决定着训练评估的"基础"。因此,针对受训人员的分析,应从受训人员信息、岗位背景和性格特点进行展开。

表6-1 受训人员分析

受训人员分析	受训人员信息	班级 学号 姓名 性别 年龄 学历 智商	
		培训经历	2020年3月＊＊型模拟器培训 2021年3月＊＊型模拟器培训
	岗位背景	前岗位 现岗位	机务操作 机务维护
	性格特点	耐心稳重型 灵动智慧型 平衡型	

6.1.1 受训人员信息

受训人员信息,指的是受训机务人员的基础信息,包括姓名、性别、年龄、学历、智商、培训经历。基础信息可以使用问卷调查或者填表等方法,先让受训人员如实填写,再由组织进行把关审核,确保准确无误。智商测试是一种科学测试行为,一般包括常识、理解、算术、类同、记忆、字词、图像、积木、排列、拼图、符号,再分别测验,完成整个测验大约需要一个小时,汇总分析之后写出测验报告约需要一个小时。

值得注意的是,受训人员信息中涉及的培训经历,并非普通的学校教育或者社会培训。而是其进入机务岗位后,参与的与机务飞行相关的训练,比如2020年3月＊＊型模拟器培训、2021年3月＊＊型模拟器培训等。相关的培训经历要清晰地描述参与训练的受训人员个人信息、训练发生的时间、模拟器设备的类型及取得的培训成果。将这些信息一一记录,就可以发现机务人员对不同型号模拟器训练的掌握情况,客观评价受训人员的技能背景与知识侧重。

6.1.2 岗位背景

与一般常规概念中所谓的"总经理""董事长"等职位不同,岗位是以具体工作内容为出发点的详细职责展示,是工作胜任力和素质标准的量化。岗位分配时,必须遵循什么类型的人在什么样的岗位上更容易产生高绩效,强调的是因事设岗。机务人员作为特殊人才,要懂得机械、军械、电子、发动机等各方面的专业知识。了解其岗位背景对于评价其在人机训练中所取得的绩效具有极其重要的参考意义。

对受训人员岗位背景的了解,要以人机训练为出发点,从时间轴上划分为前岗位和现岗位,从岗位分工上划分为机务外场工作和内场工作,外场工作包括飞行机务准备和日常维护,主要内容是充填加挂、通电检查、故障排除,内场工作主要包括定期检修、周期性工作、无损检测、油液分析、性能测试与调整、技术通报落实和专项修理工作等。两者岗位侧重不同,在评估开展中应提前做好界定,以免混淆影响评估结果。

6.1.3 性格特点

个体之间人格差异的核心是性格差异,性格不同于气质,它更多体现了人格的社会属性。针对机务工作的特点,评估模型将从耐心稳重型、灵动智慧型和平衡型三种性格特点进行对应关系分析,评价受训人员的性格特点与相关模拟训练专业的契合程度。

稳重是一种优秀的品质,是一个人内心成熟的外在表现。拥有耐心稳重性格的人,处理事情经过深思熟虑,遇到事情宠辱不惊。对于外界环境的变化以及军事战斗中出现的突发状况及危机,能保持冷静专注,散发着稳定的能量。遇到挫折时不急躁,能耐心分析原因及时修正方向。一旦认为是正确的事,无论遇到什么困难,都会尽力克服,不会轻易言退。

山有山的沉稳,水有水的灵动,与耐心稳重型相比,灵动智慧型性格更像是硬币的另一面。拥有这种性格的人群活泼不呆板,机智果敢,富于变化,善于创新。智慧与智力不同,它是生命所具有的基于生理和心理器官的一种高级创造思维能力,无论对个人还是组织来说,都是一笔宝贵的财富。灵动智慧意味着,机务人员在日常生活中具有更好的解决问题的能力。

平衡型性格,顾名思义,其特点是介于耐心稳重型与灵动智慧型两者之间。具体表现上,它没有明显的偏向性,同时具备两种性格的特点,并在不同的环境中会随机应变,展现出不同的性格特征。

值得注意的是,性格没有好坏之分,只是附着在受训人员的个体信息之上,会让评估中相对应的因素产生浮动。对性格的分类,主要目的在于增加评价维度,让评价更具合理性,并不能作为对受训人员素质能力的评价。

第2节 教学反馈分析

教学是教师的教和学生的学所组成的一种人类特有的人才培养活动。通过这种活动,教师有目的、有计划、有组织地引导学生学习和掌握文化科学知识和技能,促进学生素质提高,使他们成为社会所需要的人。在人机训练中,课堂教学是师生之间的双边活动,终极目标是提升教学效果。教学反馈分析,就是对受训人员参加模拟训练后的感受和反馈信息进行收集,衡量受训人员对教学活动本身的评价。

教学反馈分析主要体现在以下四个方面:授课教员的专业技术能力、宣讲能力、尽责度、耐心度;课程安排的合理性、均衡性、整体性;讲义教材的难易程度、完善程度;教学条件的教学设备、教学环境。这四个方面覆盖了课堂教学的各个基本面,是培训组织方在教学过程中最为关注的焦点。教学过程中,受训人员的作业、试卷、行为、微表情、语言、课堂气氛乃至对教学环境的态度都是一些具体的表现。

在这一反馈中,培训者要借助有效反馈来全面审视受训人员的学习情况,通过去粗取精、优化设置等,沉淀出最优的组训方法和教学手段。为构建有效的反馈机制,提升课堂教学实效,在反馈方法的选择上,可通过口头反馈、书面反馈、活动反馈、小组反馈、个人反馈、集体反馈等多维度立体"环绕"的策略进行开展。变单向反馈为多向反馈,变可疑反馈为可靠反馈,变单一反馈为综合反馈,使人机训练教学活动发挥更大的作用,推进现代化教学方法手段的改革。

表 6-2 教学反馈分析

教学反馈分析	授课教员	专业技术能力：高 中 低 宣讲能力：高 中 低 尽责度：高 中 低 耐心度：高 中 低
	课程安排	合理性：高 中 低 均衡性：强 中 弱 整体性：高 中 低
	讲义教材	难易程度：难 中等 易 完善程度：完全理解 一般 不理解
	教学条件	教学设备：先进 完备 简陋 教学环境：干净整洁 杂乱无序

6.2.1 授课教员

秉承传道、授业、解惑的教学本质，教员是人机训练开展的具体实施者和引导者，师资力量的强弱在某种程度上直接决定了岗位训练的成果。有别于常规的学习教育，机务人员教学的突出特点在于技能传授与实战演练。要求培训教员是扎实从事航空机务相关专业的教学研究人员，或者是已在实战岗位上经历过千锤百炼的高素质机务人员，具有专业的理论知识、较宽广的知识面以及丰富的专业实践操作经验。还要与时俱进，针对新型武器装备和作战方式及时进行研究，为处于新军事变革条件下的机务人员实践教学提供积极探索经验。

一个优秀的授课教员，在专业技术能力、宣讲能力、尽责度、耐心度上都应有良好的综合表现，知行合一，"不言之教胜于教"。在教学反馈分析中，针对这些综合表现，将分别以高、中、低三个层次来评价。

专业技术能力上，教员的职责在于根据课程安排好教学进度，采用现代化的教学手段做好测试打分、实操训练等工作。实际训练中,有的教员训练疏于管理,教学制度不完善或执行有偏差,教学内容和重点不突出;有的上了模拟机才讲本该在地面准备时讲清练熟的动作程序;有的口若悬河却实践的少,使受训人员在模拟操作中畏畏缩缩;有的教学思路不清晰,看似面面俱到实则不达要领。这就要求教员们不仅要强调教学大纲的内容,还要加强使用计算机网络教学、多媒体辅助教学、仿真教学、模拟对抗、改革考评等现代化手段,完善教学体系,从严从实带出高徒,加快机务人员任职能力的提升。

宣讲能力上,体现着教员自身的语言组织、表达及逻辑思维能力。优秀的宣讲能力,表现为神态举止自信从容、声音清晰、语言精练,能用通俗易懂的方式来讲解受训人员的关注点和兴趣点,精准展现个人魅力。在教学实践中,普遍存在着一个现象:教员的知识结构、授课技巧、讲课风格、调控课堂的能力以及个人仪表等,会直接影响受训人员的学习兴趣和学习绩效。在训练课堂上,如果受训人员上课无精打采、意兴阑珊,大概率是因为他们对教员的讲述方式缺乏兴趣,或者教学水平没有达到岗位任职的标准。反之,则说明授课教员的宣讲能力和教学手段是值得肯定的。

尽责度上,个别教员讲评分析时总想着偷懒走捷径,觉得完成课堂教学目标就万事大吉了,没有针对能力差、基础薄弱的机务人员进行专项补习;还有的教员产生了"干好干坏一个样"的消极思维,能敷衍就敷衍。这些浮于表面的教学方法如同隔靴搔痒,难以实现受训人员技能的正向进阶。因此,授课教员应上紧"尽责"发条,主动担当起自身肩上的责任,对原理知识、模拟器训练及故障分析的讲解要知无不言,言无不尽。对实际操作,做到口口相传、手手相传,一招一式、一举一动,都保证训练符合技术规范,达到技术标准。

耐心度上,意味着教员要保持积极向上的良好心态,不急躁、不厌烦。尤其是,不同机务人员知识结构不同、岗位背景不同、理解能力有高有低。对于一些基础较差的机务人员,教员应保持耐心,因材施教,圆满完成教学任务。

同时，教员的耐心教学在一定程度上，也会潜移默化地"移植"到受训人员的日常学习习惯和工作作风中去。

6.2.2 课程安排

所谓合抱之木，生于毫末；九层之台，始于垒土。课程安排是以学科为中心，重点向受训人员传递以军事训练大纲为基础的知识原理，是每一个机务人员进入维修工作前都必须接受的学科教育。

新形势下的战争特点以及对机务维修能力的高要求，让目前人机训练中的既定课程面临着新的考验。比如课程安排是否合理；与培养目标之间能否无缝对接；课程开设的先后顺序和衔接顺序，能不能使受训人员轻松自然地接受；课程内容的设置是否与目前的装备需求相匹配等。课程安排是否适用，评估将从合理性、均衡性和整体性三大方面，对其进行高（强）、中、低（弱）的分类。

机务人员的课程安排，基本包括航空气象、仪表程序、飞行原理、航空发动机、飞机系统、雷达、导弹、电子对抗等专业课程。

随着新型飞机及武器装备引进速度的不断加快，机务训练工作还会显现出它的滞后性。这就要求科目设计既要专业内容多、知识结构复杂、专业相互交叉融合，体现机务人员岗位技术性强、综合性强、难度大的特点，又要加强实战演练经验和良好机务维护作风的养成培养。特别是重点设置网络训练、对抗训练、模拟训练、非战争军事行动训练、信息系统体系作战、一体化联合作战以及指挥信息系统操作运用等新型课程，使教学内容最大限度地满足机务维修人员任职这一迫切需要。

课程安排的合理性，是指与现有训练体系与武器装备保障系统的适配性。主要包括以下几个维度：与机务人员岗位实践的关联度、课程安排和上课时间的协调性、与模拟器设备训练的匹配度、课程的难易程度等。许多机务人员，从事机务工作多年都没有得到应有数量的正规培训。低频率的培训所带来的直接后果就是维护工作中的低效率与低质量。

　　课程安排的均衡性,要求课程内容要主次突出,重点明确,传授知识与培养能力并重,满足现阶段需要与适应未来发展。围绕岗位任职需要和受训人员综合能力来设置课程,区分核心科目与基础科目。并以应用为目的,结合军事职业教育和高等文化教育上的逐渐演变和不断进步,安排好专业课程与实践课程、文化课程与理论课程的设置比例等。

　　课程安排的整体性,旨在着眼全局,以主干课程、基础课程和拓展课程为依托,同步对设定的单门课程进行全面统筹、分段实施、多位一体、科学衔接,建立任务驱动式课程体系。也就是说,不管是交叉课程、相关课程、融合课程、广域课程、核心课程或者是实践操作,都要与整个课程安排以及教学计划相适应。

　　课程安排在合理性、均衡性、整体性上展现的真实面貌,会投射到评估系统中,帮助决策层根据科目的难易程度合理调整教学时间、科学制定教学计划、发挥教学优势,更好地选拔出一批素质过硬、专业一流的技术骨干。

6.2.3　讲义教材

　　机务人员的培训教育,往往包含多重教学要求,如高速空气动力学基础知识、操纵飞行的方法、航空通讯的基本原理、无人机应用技术、飞机电子设备维修等。在人机模拟训练中,讲义教材包括政治理论学习、军事、体能训练以及航空理论学习五大类,兼具科学、系统的理论基础和指导实践的具体方法。讲义和教材都是辅助学习的资料,不同的是,讲义是教员们用来讲课的准备材料,融合了教员自身的思考与独到见解,教材是关于机务学习这一特定学科知识的系统化介绍。

　　任何一个教学过程,都应该结合教学大纲的总体目标来安排讲义教材,因材施教。讲义教材的难易程度,是判断教学水平好坏的"试金石",关系到人才培养目标的确立和机务保障能力提升的方向。讲义教材如果在内容深度和广度上设置过难,就可能出现受训人员在学习中认为晦涩难懂或者跟不上进度,继而破坏学习中建立的信心。但是需要厘清的是,机务人员的业务背景不同,对难易的理解有偏差,教学手段使用的方法过于死板,也会造成部分受训人员认为是讲义教材过难。

讲义教材的完善程度,是指顺应时代发展,将教材内容覆盖到机务人员岗位需求的各个环节。随着新型武器设备的日渐丰富,讲义教材应在信息化、智能化的基础上,针对受训人员已有的知识结构、理解能力和岗位需求进行安排编写。比如利用网络技术,科学建立讲义教材的动态更新机制,将新理论、新技术、新装备等内容,及时、快速、高效地调整充实到教学内容中。

评估系统根据教材难度将其分为难、中等、易三个等级,完善程度则以完全理解、一般、不完全理解来区分。通过评估,充分实现讲义教材的合理、合情,有助于机务人才培养步伐与保障一线需求"同频共振",让培养出的机务人员"信得过、用得上、有发展"。

6.2.4 教学条件

教学条件一般包括硬件设施和软件设施,上述提到的师资力量、授课教员、课程安排、讲义教材都属于其中的软件设施,硬件设施指的则是教学设备与教学环境等。

教学设备指的是教学中使用的课桌椅、计算机、投影仪等多媒体设备,以及与教学相关的单机仿真训练设备、实装飞机、模拟训练器、模拟试验室、教练机等。教学设备的先进、完备与简陋,侧面反映着教学条件的好坏,决定着培训者和受训人员的训练情绪是否高昂。比如,利用图、文、声、像等全新多媒体技术,将模拟战场的真实情况或者维修保障的真实过程投射在显示屏上,受训人员就会有种身临其境的兴奋感。如果没有这种多媒体手段,那么受训人员就只能靠想象力来进行体验,缺乏真实感。

教学环境则通常包括教室、训练场地、活动中心、运动场所等。很多时候，通过硬件环境营造良好的学习氛围和机务文化，也会影响个人的学习劲头和心态调节。当处在整洁干净的环境中时，受训人员会变得心情愉悦，学习状态更加自信。当处于杂乱无序的环境中时，就容易情绪不高，干劲不足，再加上训练本身难度大、密度高，难免会影响训练积极性。教学环境到底是整洁干净还是杂乱无序？可以通过调查问卷或者组织专项检查的方式进行评估。

第3节 学习效能分析

在人机训练中，因机务人员培训不到位、技能更新不及时、安全意识和责任心不强，造成的维修差错时有发生，直接表现为基础知识不扎实、动手操作能力较差。机务人员的成长，是一个长期复杂的过程，要经过理论学习、模拟训练、新机改装、实操基础训练和实操应用训练。在不同学习阶段和不同培训环节中，所树立的目标与呈现的特点有所不同，体现出的学习效能也有所区别。

学习效能分析，正是用来测定被培训者训练结束后在知识、技能、态度等方面学习获得程度，它实际上要回答的问题是："受训人员通过训练真正学到东西了吗？"。在受训人员参加培训前和培训结束后，通过对其知识技能测试结果的前后比较，以过程评价与结果评价相结合、能力评价与职业素养评价相结合的方式，来综合评判受训人员的学习效能。

机务人机训练的原则是：按纲施训，必须要坚持实战需要什么，部队就训练什么；什么在实战中最管用，就把什么练精、练硬。因此，对学习效能这一要素进行评估，要结合实战需求，在原理知识点掌握的基础上，同步分析操作技能掌握，从这两方面来按图索骥寻求评价的合理性。

表 6-3 学习效能分析

学习效能分析	原理知识点掌握	了解
		理解
		掌握
	操作技能掌握	准确性:高 中 低
		规范性:高 中 低
		时效性:高 中 低

6.3.1 原理知识点掌握

机务人员是严谨慎重的专业人员,为了保证飞机的顺利飞行,需要经过不断的知识和理论淬炼。专业训练中,原理知识点是机务人员训练"万丈高楼平地起"的基础。其主要评估方式是结合受训人员的个人信息,完成该型飞机机械、特设和电子等专业的维护操作科目的学习、练习和考核等。

考核受训人员对原理知识点的掌握,要尽可能以学习电教化、考核无纸化、数据易取得为标准。主要有以下几种方式:一是根据考核大纲设定自主编写考试系统及相应题库,以客观、判断、简答、操作、综合等题型自动、随机形成考卷与答案;二是在与受训人员的交谈中通过面试、观察,由表及里地测评其知识、能力、经验和综合素质等;三是搭建受训人员讨论、小组讨论等平台,让受训人员针对给定的问题进行讨论,并从讨论中寻找线索,判断各个受训人员的反应速度、决策能力以及对原理知识的应用;四是鼓励教员根据实际情况,在训练中安排趣味竞赛抢答、辩论、演练操作等更加活泼的考核形式。

对受训人员进行打分时,严格把握考核标准、以考代练、考评结合。保证进行评估的个人采取客观的立场,并提供前后一致的分数。或者建立更加细致的打分原则或评分说明,恰如其分的进行评分,不断消除对受训人员评估产生干扰的个人主观偏差。

经过一系列测试方法的不断量化,机务人员对原理知识点的掌握将被划分为了解、理解和掌握三个层次。依据不同的掌握情况,持续开展网上训练、模拟训练和考核,推进达标训练与岗前培训相融合,帮助受训人员查缺补漏、补齐短板。

此外,由于机务操作属于技术技能的范畴,很容易随着时间推移发生波动甚至退化。人生是一个不断学习的过程,学无止境,活到老,学到老。所以部队在组织机务人员培训时,要有意识地设置并考核一些能促进技能恢复和保持的科目,帮助机务人员重新熟练掌握岗位所需的操纵技能,如果实在达不到岗位基本要求,则需要安排其回炉再学习或者进行岗位调整。

6.3.2 操作技能掌握

根强则盛,本固则安。现代作战飞行中,机务人员完成机件拆装、维修操作等特定任务时,需要完成多个步骤,长年累月面对精准的数据和精密的设备,机务人员在心中形成了一套相应的流程。如今,军事航空领域装备系统的技术含量越来越高,现代飞机的各类系统越来越复杂、制胜武器也越来越丰富。在时间压力下,机务人员往往会自然地选择自己最熟悉的方式来对飞机进行机务保障及故障排除。

这时,有经验的机务人员往往具有更强的投射能力和敏捷性。因为他们经历了脚踏实地、稳扎稳打的点滴积累,实践带来的快速反应能力,这些"功夫"在一般的课堂上和书本里是无法获得的,需要有针对性的专项训练。比如,通过座舱异常信号(指示、灯光、声响等)模拟预设的典型空中特殊情况环境,可以软件分析训练人员的操作动作,提高训练人员对空中特殊情况的判读和处置能力。如果机务人员在人机训练过程中,没有经历多次实践训练的摔打磨炼,那么这种经验的差距就是无法填平的"鸿沟"。

部队关于操作技能的训练要紧紧围绕实战、实用、实效的原则科学设置,在联演联训、联教联学中让受训人员发现短板、寻找差距,形成快速反应的准确操作。为了对机务人员的操作技能掌握情况进行全面把握,评估体系将从操作准确性、操作规范性和操作时效性三个方面来对其进行量化。

操作技能掌握的准确性,体现在每一个操作细节中。机务人员的操作技能,基本上包括各专业的通电检查,地面故障分析、判断和排除训练,地面检测设备模拟训练,训练辅助功能等。以通电检查为例,需要在模拟座舱内对机械、特设、电子等专业设备进行通电操作,指令需要依次执行检查项目、操作程序与方法、信号响应(正常现象与异常现象)、专业之间的联合检查等操作,一项一项地准确推进,直到确认通电良好。即便是遇到卡壳等突发情况,也要淡定自如,充分发挥机务人员沉着冷静、严谨细致的工作作风,妥善处置,排除故障。

操作技能掌握的规范性,要求机务训练无论是常规维护还是重大排故,都要如标尺般刻度精准,来不得半点马虎。比如,外场机务工作中要求对照工卡进行操作,但是有的机务人员在训练中,不对照工卡和标准程序进行操作,仅凭记忆进行设备检查和操作,甚至有的把评估当作"儿戏",在模拟机训练"走过场"。很显然,如果态度不端正或者学艺不精,就无法在操作技能掌握的规范性中拿到高的评估成绩。对规范性的强化,旨在以点连线,以线盖面,用制度化保证规范化,以规范化推动常态化。

操作技能掌握的时效性,应在强化基本检查、维修能力的基础上,更多地侧重对实际作战技能和新型装备的训练。目前,各主要国家在空军航空装备的发展上都遵循"装备一代、研制一代、探索一代"的思路。一旦武器装备出现新的变化,比如操作面板差异等,受训人员们就要第一时间接受培训,对操作技能进行升级训练。在锻造打赢战争合格人才的过程中,面向未来作战搞好筹划设计,不断加强对新型指挥信息系统操作运用、机动攻防作战、火力战斗、防卫战斗、特种战斗、体系作战等跨专业和跨机种保障能力的提升,是未来高技术局部战争的必然要求。

与原理知识点的掌握不同,操作技能的掌握主要依靠模拟器的辅助功能。在模拟器的操作界面上,可以显示包括操作名称、评价项目、操作错误数、操作得分、选择的工具名称及图标显示。根据选择的模式的不同,操作界面显示的内容会有一定的差别。当发生操作错误时系统能自动发出提醒信息,如果发生严重错误操作,系统还能发出相关"警告"信息,加深受训人员对操作错误造成严重后果的警觉。

此外,受训人员对操作技能的掌握要与实际进行结合,重视学习能力的"远程转换"。即当工作环境(设备、问题、任务)与培训环境有差异时,受训人员是否依旧能充分应用所学技能?有些机务人员在模拟器训练中游刃有余,各项操作都规范有序,但是到了实际的机务工作中,却存在转换盲区,需要较长时间才能逐渐适应。

第4节 态度与能力分析

接受训练时,受训人员对训练本身的态度、训练的投入程度,经常会表现在参与训练的积极程度上,其行为特征映射着受训人员内心的真实心理。有些部队对人机训练绩效的评估不够深入,大多采用学习层评估方式,仅仅对培训课程中所讲授的理论知识进行测试考核,没有对机务人员参加培训的态度、行为改变以及给所在组织创造的效益进行评估。鉴于此,人机训练评估,应从行为改变这一站位上,突出对受训人员态度和能力的分析。

"态度决定一切",你对事情付出了多少,你对事情采取何种态度,就会注定你将得到何种结果。积极的态度虽不能改变个人的基本素质,却能潜移默化地激发机务人员学习潜能,让其发挥出超越自身水平的能力。尤其是在相对艰难的环境中,能让受训人员远离借口的羁绊,坚定自己能够完成任务的信心和决心。

受训人员态度作为个人内在表现,可以通过训练考勤、训练纪律、训练状态等日常表现来外化。比如,在训练考勤上有没有漫不经心,三天打鱼两天晒网？课堂上有没有积极互动？训练操作中是不是情景意识变差,进入了管道效应？面对实战训练,是不是懒懒散散,态度随意？

从能力角度来看,机务属于能力岗位,具有高专业、高技术性。对机务人员的分析应坚持多维度原则,要在自我评价中反思自身存在的问题,从班组评价中获取真实的能力体现,从教员评价中转换思维精益求精。

态度与能力分析,属于行为层次的评估。需要注意的是,这一阶段的评估要求与受训人员一同参与的其他人员、教员等参与者共同介入,对受训人员进行学习行为的详细记录。

表6-4 态度与能力分析

态度与能力分析	态度	训练考勤:优秀 合格 不合格
		训练纪律:优秀 良好 较差
		训练状态:积极 正常 消极
	能力	自我评价:优秀 良好 一般
		专业评价:优秀 良好 一般
		教员评价:优秀 良好 一般

6.4.1 态度

一架战鹰,数万个零部件,大到一台发动机,小到一枚螺丝钉,机务人员要在复杂的环境中,对飞机进行全面检查维护,达到"零事故"的状况。他们一手托着战友的宝贵生命,一手托着国家的巨额财产,肩扛重任。他们在训练中的态度,与训练绩效紧密相连,决定着在面对机务工作时是全力以赴还是尽力而为。

关于态度,有一个浅显却值得分享的小故事。一天,有人问三个砌砖的工人:"你们在做什么呢？"第一个工人没好气地嘀咕:"你没看见吗,我正在砌墙啊。"第二个工人有气无力地说:"嗨,我正在做一项每小时9美元的工作。"第三个工人哼着小调,欢快地回答:"你问我啊朋友,我不妨坦白告诉你,我正在建造这世界上最伟大的教堂！"。

可见,如果受训人员自身对训练评估处于竭力反对或不予提倡型的心态中,那么将培训中所学的知识转化为具体行为的希望就微乎其微了。只有在训练中端正态度,秉承严谨负责的作风,避免心浮气躁,才能不负重托。机务人员的工作环境往往比较辛苦,既要能适应炙热滚烫的炎炎夏日,还要经常在皓月清凉之时奔波忙碌,随时随地为飞机做过夜检查或者清晨起飞的检修工作。倘若遇到飞机有重大故障时,还要排除故障经常加班。如果在训练过程中没有形成端正的学习态度,缺乏积极的学习心态,那么自然也很难保障能在实际工作中兢兢业业地完成任务执行。

对态度的衡量是一个复杂的过程,要想精确地用分数来评价人员态度很难实现。但是可以转换思路,通过一些诸如训练考勤、训练纪律和训练状态等实际表现,来进行判断。

训练考勤,顾名思义,就是通过专门的考勤手段,来总结受训人员在训练过程中的出勤情况,包括有没有迟到早退现象?休假是否合理?训练时长如何?等等。根据阶段性训练计划安排,在一个阶段的训练完毕后由专人将考勤记录进行汇总,得出优秀、合格、不合格的结论并予以记录。

训练纪律,是维持训练评估可控性的行为规则。纪律是一支军队的命脉,大凡能征善战的军队,无不是"军令如山,守纪如铁"。当新机务人员进入部队后,往往难以适应的就是各种纪律约束,包括上网、外出、使用手机要受到限制,吃饭、走路、休息等都有严格要求。但军队作为一个特殊的群体,必须接受特殊的约束和特殊的纪律,认真学习条令条例和各项规章制度。倘若有违反纪律的行为,当以事实为依据,以制度为准绳,进行扣分处理。对于训练纪律指标的记录,根据各个受训人员的纪律遵守情况,可对号入座给出优秀、良好和较差三个等级的评价。

训练状态,关乎着受训人员在人机训练中的积极性。如果受训人员态度积极,全身心投入,甚至牺牲个人休息时间来学习训练,那么就会让训练效率得到显著提升;如果受训人员在训练中散漫不积极,要借助别人的督促才能勉为其难的进行训练,学习效率自然就会降低,甚至拉低团队绩效。这些训练细节,往往渗透和体现在受训人员的学习课堂和模拟器实操训练中,通过课堂微表情、回答问题的积极性、完成操作的注意力集中程度等进行评价,对受训人员给出积极、正常、消极的不同反馈。

6.4.2 能力

为确保飞机时刻处于完好状态,机务维护人员要定期检查维护,结合各项仪表指示,对飞机"五脏六腑"进行细致的排查。人机训练过程中,受训人员必须经受住来自"能力"范畴的评价,才能在真正的机务工作中独当一面。能力是完成一项目标或者任务所体现出来的综合素质,主要指的是机务维修人员的工作绩效是否有所提高,是否达到了培训的预期目标？能不能胜任岗位？关于能力的分析,既来源于自我认知的客观评价,还来源于班组评价和教员评价。

在自我评价中,教员应提前向受训人员阐明进行自我评估的目的,提供收集数据的方案。受训人员在获知评价要求后,通过填写问卷调查、撰写评价报告、形成口头汇报等方式,对自我进行准确客观的评价。实事求是地自我评价是进行自我教育、自我完善的重要途径之一,具有极强的自我约束性。一个人能够正确地如实地认识和评价自己,就能正确地对待和处理个人与社会、集体及他人的关系。如果受训人员在评价中没有表现出绩效的改进情况或自我评估存在失真,那么培训者应该向受训人员再次阐明每项内容的含义和潜在含义,重新组织自我评价。

专业评价,是指来自受训人员所在专业其他人员的评价。它不像自我评价偏向主观,是以旁观者的身份来对受训人员的能力展现评估。但是与同样是旁观者的教员相比,专业教员与被评对象在日常生活和训练中有着更多交集,他们长期处于一种相互依赖且彼此竞争的稳定关系,互动频繁,彼此熟知。借助本专业成员的视角,对机务人员各能力细项逐一评分,形成专业评价,对单纯的自我评价起到了至关重要的补充作用。

教员评价,通常是聘请专业教员或者技术能力强的业务能手,相对独立地对每个受训人员的进步情况和成绩进行评价。教员作为评估主体,具有一定的权威性和专业性。这一评价过程需依据已经构建出的机务人员岗位培训绩效评估指标体系,逐项进行测评。为了保证教员评价客观真实,不受个人喜好影响,要求评估指标尽可能细化。

通过自我评价、专业评价和教员评价,可构建立体完整的受训人员能力评估体系。值得注意的是,评价必须保证针对不同受训人员个体保持尽可能一致的标准,不能主观臆断,不应有亲、疏、厚、薄之分。当所有的测评项目收集、统计完成后,再将各方面的评估结果进行汇总整合。这些评价反馈如同镜子一般,有助于受训人员了解自己的优点与不足,并在下个阶段的训练、学习和工作的调整中,做到有理有据、有针对性、有侧重点。

回顾柯氏模型关于学习层的分析,其中提出了评估的延迟性。即为了确定受训人员行为方面的转变是不是因为培训项目和学习内容实现的,还应在受训人员回到工作岗位一段时间后,向受训人员或者他们的主管进行问卷调查。这一点在人机训练的评估中同样具有适用效力,管理层可根据自身评估需求,来选择适当时机进行评价。

第5节 协同与互信分析

在部队这个"大家庭"中,不乏这样一群人。他们用朴实的话语、细微的动作、过硬的作风,影响和激励年轻的官兵,使其消除思想上的茫然、战胜心理上的畏惧、突破训练上的瓶颈、克服生活上困难。古之学者必有师,他们就是部队中已经积累了丰富经验的中高级机务人员及各类骨干。他们以协同互助践行初心,用担当履行使命,用实际行动诠释着空军机务人无私、奉献、传承的精神。

机务是一个多装备模块、多工种协同的工作,稳、准、快是他们的行动标签。未来体系作战中,战场环境对专业协同的要求更高。因此,不同专业、不同资历的机务人员,在训练时不妨多些"推门互学"。多从不同角度思考问题,打破思维局限,通过业务共享实现战斗力建设"1+1>2"的效果。

在高效协同的基础上,部队强大的战斗力还表现为相互信任、生死相依,彰显着官兵敢打硬仗、能打胜仗的强烈信念感。建强军队,离不开相互信任;打赢战争,少不得相互信任,官兵的理想信念、目标追求从根本上讲是一致的。在航空装备维修保障训练中,这份信任同样"千斤重"。受训人员与受训人员之间不应以邻为壑、彼此提防,教员与受训人员之间也不该只是空洞说教和浅显接受,而是要彼此敞开心扉,搭建友好、互信的沟通桥梁。

实践证明,人与人之间的彼此协同、相互信任能营造一种互相包容、互相帮助的氛围,使团队凝聚出高于个人力量的团队智慧。协同与互信,是部队长久以来沉淀形成的独特优势,协同与互信分析,则是航空装备维修保障人机训练评估落实与应用的一大精髓体现。

表6-5 协同与互信分析

协同与互信分析	协同	团结:优秀 良好 较差
		友爱:积极 正常 消极
	互信	高 中 低

6.5.1 协同分析

为了同一个强军梦,机务人员从五湖四海汇聚到火热的军营。从互不认识到亲如兄弟,他们一起在铁翼之下保障战机翱翔蓝天,形成了非比寻常的战友情谊。这是只有在军队土壤上才能结出的"团结、友爱"之果。可以说,一支能打仗、打胜仗的军队,离不开尊干爱兵、兵兵友爱、团结互助的内部关系建设。在部队的工作中,分工明确、各负其责、配合紧密。高效规范、精益求精地展示机务人务实严谨的工作作风和精湛娴熟的操作技能。

在人机训练中,拥有一流业务能力的老机务们,经常扮演着教员的角色。用"留下好技术"的传统滋养了一批又一批的新机务人员。部队往往有"老带新"的传统,机务人的"拜师"是从以老促新开始的。每一名机务兵在经过新兵连训练学习分到连队之前,相关组织就已"一对一"为他们安排好了师傅。老机务人员对新机务人员进行"传帮带",倡导的是"传"出智慧、"帮"出成长、"带"出文化。训练组织和老机务们必须有"经营"意识,使"传帮带"在新机务人员中焕发活力,加深协同互助在受训人员之间的快速传递,促使他们同音共律、彼此成就。

在协同分析中,团结、友爱将作为两大指标,分别设置"优秀、良好、较差""积极、正常、消极"的层级指数,强化分析结果。

团结互助精神的创造来源要追溯到解放战争时期,彼时在人民军队中开展了以班、互助组为基本单位的团结友爱、互相帮助运动,是我军新型内部关系的具体体现。时至今日,"团结就是力量"的万丈光芒依然耀眼,如钢铁长城一般坚不可摧。

真诚友爱作为一种重要的人类情感,细微之处见真情。老机务人员积极有爱地奉献光和热,是机务训练和谐进步、悦学共长的重要基础。其与团结互助相互作用,可快速形成强大的感召力,在机务训练中起到精神引领、价值塑造和技术传承的作用。这种作用泛起的涟漪,还会自然激荡到更广阔、更长远的机务人员队伍中去,源远流长。

6.5.2 互信分析

《孙子兵法·谋攻》曾强调,"上下同欲者胜"。培训教员与受训人员,因角色、身份的不同分列于人机训练的两端。随着形势任务、社会环境、价值取向的不断变化,受训人员的结构日趋复杂多元。对于受训人员来说,有些受训人员在训练中总是把自己真实想法藏着掖着,不愿意分享真实感受;有些面对教员制定的训练决策心存不满,当面坚决拥护,背后消极抵触。对于培训教员来说,有些没有将关爱与严教相结合,错误地认为受训人员应该对所有决策都绝对服从;有些教员没有就事论事,对受训人员存在偏见,并外化在训练过程中,让受训人员产生抵触情绪。长此以往,就会导致组织中弥漫出彼此抱怨的不良气息。

在经济学中,有一个理论叫作"信任税",它被称作是组织中最危险的"隐形杀手"。指的就是如果彼此之间缺乏信任,就会导致人心涣散,给个人和企业带来高昂成本,相当于企业额外缴纳了一笔"信任税"。这笔"信任税"如同一道无形的屏障,影响军事训练的开展、建设,甚至危害部队内部团结和谐。

因此,在人机训练双方之间搭建一座"互信"桥梁尤为重要。高互信度的组织关系,往往会带来两个可以预见的结果:更高的速度和更低的成本。互信的完成度越高,教员和受训人员之间的互动程度越频繁、信任力量越强。互信形成的时间越短,就会缩短人机训练评估中的信任建设工作,提升训练效率,降低训练成本。

第6节 组织与管理分析

如果将参与到人机训练评估中的所有人作为主体,用"集合"的方式进行展示,可以发现在这个"集合"里拥有多个元素。不仅有机务人员、培训教员、领导层参与,还与部队的组织架构与管理推进息息相关,是多个部队组织共同合作、相互补充的结果。

组织管理是指通过建立组织结构,规定职务或职位,明确责权关系等,以有效实现组织目标的过程。针对组织与管理的评估,实际上就是对怎么组织学、如何有效管、怎样科学评、如何降低管理成本等关键问题的审视,既要协调组织内部人与人的关系,又要协调组织内部人与物的关系。

为便于评估开展,这一分析将从组织管理的有序性、科学性和难易程度三个角度逐一观察,并分别以"优秀、良好、一般""强、中、弱"和"难、中、易"为定性深入分析。

表6-6 组织与管理分析

组织与管理分析	有序性	优秀 良好 一般
	科学性	弱 中 强
	难易程度	难 中 易

6.6.1 有序性

企业效率的问题,归根结底是组织与管理的问题。提升组织与管理效率,首先要从筛选重点、厘清思路、组织信息、平稳关系、发现优势、员工沟通、批判思考等方面出发,结合具体事务创建一个有序分明的评估环境。有序性是组织管理的内隐导向,能够使评估工作有条不紊地展开,减少领导者的主观随意性,避免个人意见代替组织原则,防止混乱无序状态造成极大浪费。

组织与管理的有序性,要求在训练评估过程中,按照评估流程的内在逻辑顺序和受训人员深入认知的顺序进行训练。既要知道"为什么",又要知道"怎么办",合理安排人机训练组织、训练内容及训练节奏。坚持规章制度的稳定性和适应性相一致,优化管理流程并融合机务人员内部关系。继而提升组织的工作效率,加快建立确保能打仗、打胜仗的战备秩序。

6.6.2 科学性

科学发展观,是适应我国国情发展要求所产生的。所谓科学,就是坚持以人为本,全面、协调且可持续。科学性的要求既是宏观的,也是具体的。此前,在新修订的中国人民解放军共同条令中,曾对增强管理的科学性提出了更高要求,重点围绕战备训练秩序、正规化管理、官兵权益保障、纪律内容要求、奖惩项目和条件、各类仪式等方面进行了规范。可以说,按条令管理,就是按科学管理;条令贯彻落实越好,管理的科学性就越强。

同理,评估模型中组织与管理的科学性,也应着力解决人机训练中亟须改善、机务人员反映的突出问题,紧跟时代创新驱动,建立一套可供遵循且具有精细、合理性的组织制度。并结合机务人员的业务学习成绩、技能训练考核、日常学习表现等,做好科学梳理、分工管理,使主观愿望与客观实际相符合,使管理的方法手段与组织的制度要求相一致,更好地培养适应未来航空装备信息化发展需求的新型机务维修保障人才。

6.6.3 难易程度

同考试试题有难有易一样,组织管理也有难易程度之分。一般而言,组织与管理的难易程度与训练评估结果存在着正相关关系。通过对难易程度的把握,有助于从组织设计、组织运作和组织调整上,实现更高效的组织目标。

组织与管理的难易程度,从指标上来看主要取决于训练开展的复杂程度、管理的幅度。复杂程度通常是指完成单向任务的流程是否繁琐,可通过对受训人员进行问卷调查或者考评打分等方式获取。管理幅度则一般指的是基层受训组织中机务人员的人员数量,数量越多,管理幅度越大,管理的层次也就越多,管理难度可能也会越高。

第7节 训练结果分析

全面的评估流程,必须和组织的整体战略和运行框架融为一体。人机训练时,模拟器设备能针对机务人员的使用状态和训练参数进行抓取,会得到不同受训人员的操作步骤、学习进度、得分率和操作时间等成绩信息以及模拟器设备的性能,实现一系列的训练结果数据。这些评估项目能够直观地呈现训练带来的"收益",也就是模拟训练器各科目的相关性和受训人员参加模拟训练的总体绩效。

训练结果分析,覆盖了训练科目得分率、训练进度、错误操作、训练设备四个方面。其中,科目得分率体现了受训人员的知识掌握及科目难易程度;训练进度包括小组进度、班级进度,通过横向比较观察受训人员是否掉队;错误操作的背后,可能隐藏着步骤遗漏、原理不清或者紧张急躁的失误,需要具体问题具体分析;训练设备的使用,也可能是造成评估结果的影响因素,包括操作熟不熟悉,设备故障率高不高等。

表6-7 训练结果分析

训练结果分析	训练科目得分率分析	各科目难易度:难 中 易 各科目相关度:高 中 低 受训人员学习能力:强 一般 差	
	训练进度分析	学习进度 小组进度 班级进度	
	错误操作分析	类型	顺序错误 步骤遗漏 设备误操作
		数量	10以上 5~10次 1~5次
		原因	原理不清 操作不熟 设备误操作
	训练设备分析	设备使用率:≥10%/月 设备故障率:≤1%/月	

6.7.1 训练科目得分率分析

人的一生中,会面临各种各样的考试,学生时代有期末考、中考、高考等,进入了社会有资格考试、证书考试、培训考试等。这些考试是检验学习能力、考察综合成绩的演练场,是个人全力以赴想要拿下高分的主阵地。为进一步打牢机务人员的练兵备战意识,提高一线飞行保障能力,军事训练需要开展形式多样的岗位练兵和科目测试。各科目难易度、各科目相关度、受训人员学习能力等综合信息,构成了训练科目得分率分析。

在训练科目得分率分析的构成要素中,科目的难易程度在教学过程中很容易就可获得,如果某一科目的分数普遍偏低,说明这一科目相对于其他科目来说难度系数更高,反之则说明科目通过较为容易。各科目之间的相关度,是通过彼此之间的共同点建立的,体现在科目与机务工作关联度的高低上;受训人员学习能力在日常的训练过程中已经有所表现,也表现在各科目考核的分数上,通过科目分数进行比对,能得到学习能力强、一般还是差的不同评价。

6.7.2 训练进度分析

训练进度,是训练开展的速度、进程,也指工作先后快慢的计划。以训练进度为对象进行分析,能够从目前阶段内获得组织目标、管理制度、组织文化等进度信息。进度的快慢,决定着是否需要引导受训人员做好时间管理,调整自身学习进度。层层递进的训练进度,应包括受训人员进度、小组进度、班级进度三个维度,并具体到百分比上进行显示。

受训人员进度,是受训人员在各科目中的训练项目完成情况,如果有训练项目不合格则视为未完成;小组进度,重在以小组为单位,考核组内受训人员整体的学习进度,要求发挥出组织内部、专业之间的最大制胜优势;班级进度,是以训练目标为衡量,对比班级学习情况与目标之间的距离,并由数据分析进行指标量化。

6.7.3 错误操作分析

工作岗位中,机务人员往往要完成战斗飞行快速机务保障、复杂环境下战斗飞行保障、飞机再次出动机务准备、飞机战伤抢修抢救等多项保障任务。"你不想在飞机上找故障,事故问题就会想着来找你",是每个机务人都明白并深以为然的真理。这就要求机务人员要有"细嗅蔷薇"般的精细心思,"明察秋毫"的敏锐直觉,更要有"没事找事"的认真负责,避免出现人为差错。使用模拟器进行训练操作时,培训教员不仅要正向地对正确操作流程进行详细讲解,还要反向设置故障"闯关"难题,让受训人员融会贯通、学以致用,快速、准确找出故障所在。

在训练结果分析中,针对错误操作的分析甚至比正确操作更有益处。任何学习和训练过程都难以避免会出现错误,将这些错误"记录在案",即可发挥类似"错题本"的作用,归集错误出现的规律性,聚焦训练目标。一般来说,错误操作,主要包括错误类型、数量及原因。从这三点对错误操作进行分析,有助于督促机务人员争当零失误标杆,培养无差错能手。

错误类型包括顺序错误、步骤遗漏和设备误操作,这是机务人员在操作过程中最容易出现的三大问题,常常是导致发生飞行事故的"罪魁祸首"。此前,曾有某企业飞机在黑龙江坠机,飞机损毁报废。经过调查发现,该事故发生时飞机发动机左排气管内加温管脱落,导致排出的高温废气通过排气管进入汽化器使发动机进气混合比严重失调,引起发动机功率下降,进而造成空中停车。主要原因是机务人员对发动机排气加温管拆解检查不到位,步骤遗漏导致加温管脱落。

错误数量,主要是指通过统计阶梯数组,将错误的数量进行一一记录,从而做为衡量考核错误率的标准之一。结合人机模拟训练实际,可按照 1~5 个、5~10 个、10 个以上来对错误数量进行分类。错误数量越多,说明受训人员对知识和技能的掌握程度越差,应针对自身错误数量,反复操作,练精业务技能,降低错误发生率。错误数量越少,说明训练效果越明显。

错误原因是对错误背后各相关因素的归纳和探讨,主要分布在原理不清、操作不熟或设备误操作三个方面。原理不清,是由机务维修人员原理知识掌握不稳固、工作技能不扎实,对机型一知半解导致的,说明在训练过程中没有打好基础。操作不熟,则是因为机务人员缺乏操作经验,需要加强训练,比如装挂副油箱项目中,毫厘间隙之差都会影响副油箱挂点的对接。设备误操作之所以强调"误",是指由机务人员个人原因引起,不存在预谋行为的错误事故。

不管是错误类型、错误数量还是错误原因,归根结底都属于错误操作。一旦这一项评估分析显示的分数过低,就必须反省调整,快速改进。比如,根据机型特点,对机务进行不同工作岗位的分类,使保障更加的专业化;结合待维护机型的实际情况和具体特点,对容易发生维修差错的机型进行深入的分析,在实践过程中逐步对照维修卡片管理制度进行完善;依照严格的程序及规范内容来弥补机务人员在操作过程中所存在的不足,从而有效地控制维修差错的发生概率等。

6.7.4 训练设备分析

完整的训练结果分析,应该是对"人"和"机"的综合分析。在对"人"进行训练科目得分率、训练及进度、错误操作分析后,训练设备作为航空装备硬件设施中的一部分,也应该被评估、被审视。训练设备是根据现代战争的特点、军兵种训练需要和现有物质条件,因地制宜进行综合配套的。设备老化、技术创新能力低等都会造成训练结果不尽如人意。在对训练设备进行分析时,设备使用率和设备故障率具有一定的参考价值。

针对一项设备,如果其在训练中的使用率≥10%,就说明这项设备具有更广泛的实践价值或者更高效的使用价值。如果使用率低,则意味着设备本身与机务人员的训练教学契合度不高,或者在使用上存在着难操作、反应慢、结果不准确等问题,需要改进。

设备故障指设备在其寿命周期内,受到磨损或操作使用不当等的影响,使设备暂时丧失其规定功能的状况。设备在投入服役期限内,发生故障的次数和使用时间之间是有着一定宏观规律的。倘若某一个失误操作成为共性问题时,就应该考虑对训练装备的操作使用性能进行改进。设备的故障率≤1%,设备故障在可控范围内,值得信任,反之则说明设备应该被淘汰、被替代。

第8节 训练评估对军事效益的提升

航空装备维修保障人机训练评估,是推进训练改革、强化训练设计、转变战斗力生成模式的重要资源和方法途径。上述针对训练评估模型的应用分析,对应着评估模型的七大层级,既有评估指标的细化,又有评估权重的量化。这些针对训练评估模型的应用分析,一方面潜移默化地消解了训练中制约军事效益的不良因素,保证评估结果趋向于既定目标。另一方面,让训练成果从隐性走向显性、从幕后走向台前,为军事效益的提升进行了长远、多维的铺垫。

对航空装备维修保障人机训练绩效进行评估,最终目的就是要以提升机务人员整体素质为突破口,促进军事效益和部队战斗力进入快速提升通道。通过紧贴实战任务的人机模拟训练,受训人员既可获得一项稳定的行为方式或技能,比如日常勤务、部件拆装、系统功能测试、机载火控系统、武器投放控制系统、电子战设备及其他相关的机载设备使用方法等,又便于对训练过程中出现的加载正常但是天线却不通、模块自检不正常、发动机喷气出现故障等突发故障,进行一一剖析、解决。

那么这些在评估中获取的军事效益能量化吗?怎样才能通过尽可能准

确的分析,科学地还原军事效益的复杂性和真实性?这既是评估研究者们需要思考的问题,也是对人机训练评估实践应用进行量化的关键所在。

基于军事效益提升的复杂性和多样性,在量化过程中可采取引入对照组及前测—后测的方式,将评估落实前后的结果,与此前未评估时的军事效益进行对比。并结合定性、定量两大分析方向,用定性标准明确军事效益建设的目标和方向,用定量标准赋予军事效益建设的参数,从综合保障能力、综合演练能力、综合对抗能力三大方面来形成最终结论。

6.8.1 基于效益提升的定量分析

在人机训练评估中,"人"和"机"占据着绝对的主角地位,这两大因素也是最需要被量化的。对于"机"作为设备的分析相对简单,可以针对不同模拟训练器的使用效率、使用时长、对错误操作的检出率来进行分析。这些数据在人机交互训练中可由计算机设备直接获取,并通过相关软件形成可视化的数据分析。通过模拟器显示的训练成绩越高,军事效益就越高。

机务维修人员,是评估中最为重要的"人"的因素,也是较难量化的。想充分挖掘机务人员身上体现出的军事效益,一方面要结合受训人员的整体表现形成数据。在人机训练中,经过评估梳理,每个受训学员的个人成绩都会得到充分显示。但是对军事效益的判断,是一项对团队的集体考核,而不是个人的"英雄主义"。因此,要将参与训练的机务维修人员成绩进行分布分析。比如,整体合格率为多少?有多少受训人员在训练后能够满足岗位任职能力需求?

另一方面,要真正让受训人员去试、去练,通过开展综合保障能力、综合演练能力或综合对抗能力的表现,来进行判断。比如在演练场,考察其进行连接电缆、检测数据、排除故障各流程的操作。操作时长越短,说明受训人员熟练程度越高;操作规范度和完成度越好,说明受训人员对知识理论和操作技能的把握越全面。

6.8.2 基于效益提升的定性分析

在人机训练评估的"人""机"之外,军事效益的提升还体现在管理效能、投入成本等较难定量的部分,对此,可以采用定性分析的手段来进行衡量。

管理效能是指管理部门在实现管理目标时所显示的能力和所获得的管理效率、效果、效益的综合反映。它虽然不像机务维修人员训练绩效那样,直接体现着军事效益的变化,但却能在对机务维修人员的管理实践中,充分发挥协调、控制、约束等独特作用。通过航空装备维修保障人机训练评估的组织开展,管理效能更标准、更规范、更精细,军事效益自然也就提升了。该项分析,需要在训练结束后,围绕训练组织的流畅度、管理实施的精准度、训练时长、团队氛围等来设计调查问卷或组织测评,继而根据统计结果来对管理效能进行定性分析。

投入成本,主要指的是人机训练开展及后续评估投入的经济成本、时间成本和组织成本。对投入成本的复盘,一般由管理层来牵头实施。投入成本越低,受训学员所取得的绩效越高,那么军事效益表现就越好。同时,该定性分析,还可用于指导制定下一次的培训制度、培训流程和操作方法,促使训练评估更高效、更灵活。

6.8.3 引入实验组与对照组进行定性、定量分析

在进行完定量和定性分析后,那么军事效益到底有没有提升?为了更好地对比训练评估介入前后,对军事效益的影响,可以引入数学中"前测—后测"及"对照组"理论。首先,借助前测—后测的对比分析,尽可能排除训练以外的干扰因素,针对机务人员在维修保障工作中的前后差异性,说明培训的效果。其次,再通过设置对照组,来进一步判断这种差异的产生,是否确实

是由评估训练产生的。

设置对照组的同时,意味着实施了训练评估的组织会自动成为"实验组"。

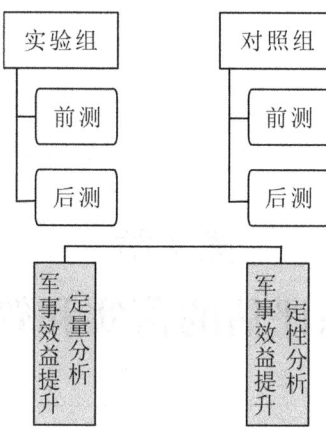

图 6-1 实验组与对照组展示

值得注意的是,在选取"对照组"时,应选择与"实验组"在岗位背景、学习水平上尽可能相似的基础机务维修人员群体,并对他们进行同样模拟设备、同样训练时长、同样操作技能培训和同样讲义教材等条件的训练。但两者的区别在于,对照组只训练不评估,实验组既训练又评估,且评估贯穿于训练中及训练结束后。结合两组训练人员此后的训练成绩,进行军事效益提升的定性、定量分析,就能分别在"对照组—实验组""前测—后测"四个维度的坐标中形成结果,体现评估对军事效益的作用。

第 7 章
训练评估的落实和管理

航空装备维修保障人机训练评估的关键,不仅在于评估规范性和制度性,还在于其可行性和操作性。如果不联系实际,再完善、再高效的评估系统也会如无源之水、无本之木。结合上一章节中的对训练评估模型各层级的分析应用,本章节将从训练评估的落实和管理出发,针对"建立培训者与受训人员的互信""建立荣誉和奖励机制""基层领导参与负责制""机务模拟训练工作实例"与"激励技术在模拟训练中的应用"五个方面着手开展。

第 1 节　建立培训者和受训人员的互信

回溯柯氏模型的第一个层级——反应层,可以得到以下提示:培训项目以后会得到怎样的发展和重视,关键是看能否赢得受训人员积极而正面的反应。积极而肯定的反应虽然并不能完全保证受训人员在学习方面取得成功,但毫无疑问,负面而否定的态度会使得学习成功的概率变得更为渺茫。没有人是一座孤岛，人生道路上，每个人都得到来自家人、朋友或者老师的帮助与支持。在与人交往中，人们最重视的就是彼此是否信任。没有信任就不能很好地相处，更不能就某一问题达成共识。

将目光转向军营，信任不仅是一个关键话题，还是一道现实命题。战争年代，官兵们经受了血与火、生与死的考验，建立了深厚的互信基础。如今，人们的社会阅历、自我意识等，都在发生深层次的时代之变。社会价值观念的多元化，也让信任正在变得更加谨慎、更加敏感。有的遇到问题时，宁愿通过网络搜索也不愿意与周围的同事进行互动，有的看到敏感事物就认为有"暗箱操作"，还有的认为军营同社会一样复杂，需要处处戒备。

现代战争是体系与体系的对抗，打赢战争，对相互信任的要求不是降低了，而是更高了。未来战场上，上级信任下级，就会提供机断处置的创造性；下级信任上级，战场就会有顺畅的高效指挥；同级之间相互信任，就能在战场上密切配合，即便是对方一个眼神，都能读懂其中内涵。经历了理论学习、模拟实操等人机训练的机务人员，同样需要"互信"力量的支撑。受训人员希望自己在训练中的表现能得到其他人员和培训教员的认可，如果愿望落空，就会感觉到不被"看见"，逐渐丧失兴趣。培训者在教学过程中也希望受训人员能有正面、积极的互动反馈，否则就会对自己的教学方式产生怀疑，丧失信念感。

互信，是一种心理上的契约，就"建立互信"达成共识，这一点对于培训者和受训人员来说都至关重要。互信关系和工作效能是彼此相乘的，互信关系大于1，工作效能可以得到持续增进，如果小于1，那么效能就会被限制，甚至信任崩盘。互信关系的价值，可提升、可改善、可期待的关键就在于如何让培训者和受训人员之间擦出"火花"，建立起牢固的纽带关系。

7.1.1 建立互信需要价值共创

人机训练，是培训教员和受训人员的双边活动。每个人的个人背景、素质技能、生活习惯各有不同,在训练中所处的站位和思考方式也有所不同。想要消除彼此之间的不信任,最重要的就是求同存异,实现价值共创。价值共创的目标,是向着人机训练评估成果的落实共同追赶超越,呼吸相通、攥指成拳,让部队这棵大树枝繁叶茂,生机勃勃。

在训练中,教员要通过带头示范来增强教育的信服感,让受训人员在实践中正确认知岗位,树立担当意识和责任感。受训人员则要避免浮躁盲从的心态,与教员充分沟通中以培促学,提升绩效能力和业务水平。在训练中强化价值目标,努力扩大共同面、缩小分歧面,创造条件增加教员和受训人员之间的互动,形成互信氛围。只有在和谐互信的氛围中,培训者与受训人员双方才能心无旁骛、全神贯注地投入训练,教学相长,提升军队单元组织的凝聚力和向心力。

值得注意的是,互信并不是一蹴而就的,需要培训者和受训人员双方心服首肯地重视互信、开诚布公地展示互信、不遗余力地稳固互信。

心服首肯地重视互信,需要对于产生互信的关系或者个例进行肯定,认同对方为人处世的方式和价值观。以积极、正向的引导,鼓励双方收起个性锋芒,朝着一致目标,下定靠近彼此的决心。甚至可以通过制定规则、政策和流程,来保护组织内大多数需要和应当被信任的人员不受一小股坏势力的影响。

开诚布公地展示互信,意味着双方在重视互信的基础上,朝彼此更近一步。训练过程中及时沟通分享信息、了解彼此,在双方的内心深处快速植入互信根基。课堂互动上,大家可以畅所欲言的分析训练体会、谈训练感受和彼此的价值观,不藏着掖着。日常生活中也要打破教与学的界限,用轻松愉悦的方式分享共同兴趣爱好、生活方式或者阅历背景等话题。

不遗余力地稳固互信,建立在开放、包容的互信环境基础上。经过重视互信、展示互信,这个阶段的教员与受训人员之间,已经自然建立起了相对融洽和谐的训练氛围,也有了互信的根基。那么接下来该如何让双方形成的互信磁场,保持稳定沉淀呢?作为训练组织方,有责任花时间诊断当前组织的信任水平,公平公正的推动互信支持。假如发现互信度失衡,就要立即采取勇于负责、正面解决问题、给予反馈等一系列措施来解决问题。作为受训人员,应当开诚布公地展示自己在互信过程中遇到的"坎儿",与受训教员共同分享,面对解决。

7.1.2 建立互信需要投入情感

情感沟通是拉近陌生人之间距离最快的方式,由此及彼,投入真情实感是建立互信的一大捷径。互信是技术,是方法论,更是一门艺术。历史上,成功的统治者、治军者非常注重感情投入,以赢得人心。如刘备桃园三结义、诸葛亮七擒孟获,等等,都是以情治军,以情激励的典型例子。中国人向来重视情感,尤其是信念如山的军人,建立互信意味着不只是训练过程中短暂的熟悉,还需要在训练结束后形成源远流长的情感纽带。

相比较于受训人员而言,培训教员的工作资历和生活阅历都比较丰富,不仅能在专业上给年轻机务人员提供点拨、建议和忠告,也能在生活上、思想上对受训人员们进行潜移默化的关心和指导。比如,经常与受训人员谈心交流,认真倾听他们在工作、生活中遇到的困惑,以关心促安心,以暖心促尽心;对个别思想不稳定、工作消极的受训人员,第一时间帮他们化解思想难题,坚定信念;不违背条令条例和原则的情况下,及时帮助他们处理、解决好个人和家庭中的实际困难等。这种毫不保留地传授,是业务技能的传承,更是部队光荣传统和优良作风的文化传承。

作为受训人员,应主动打破与培训者或其他受训人员之间的"楚河汉界",并在内心深处植根正确的互信观念。主动与培训教员和受训人员分享心情,让他们成为自己的情绪树洞,开心时一起分享,沮丧时彼此安慰。伴随着双方从陌生到熟悉,从熟悉到了解,互信还会反过来放大其中情感的价值,让双方之间的关系更加紧密。正如有句话所言,"送给别人一朵花,你却发现你活成了一座花园"。

在训练教学之余,培训教员还可通过座谈会、文体活动等多样形式,满足机务人员成才和娱乐需要,建立共同的兴趣爱好。引导官兵在日常生活中自觉做到思想上常交心、训练中常鼓劲、管理上常提醒、生活中常帮助,形成互相帮助、共同提高的良好局面,或者经常开展小组活动,通过互动游戏或者现场分享的方式,让受训人员从互信关系中汲取力量,发挥强军兴军作用。

7.1.3 培训者要肯定受训人员表现

信任的建立是一个循序渐进的过程,优秀的培训者有能力、可相信、善沟通、能依靠,能站在组织的前方认真聆听受训人员的需求,分享训练成果以及未来目标。与一些简单的组织培训不同,人机训练在知识技能层面更复杂、更专业,培训者应更多地关注受训人员的潜能开发,尊重、支持并鼓励他们取得成功。同时,培训教员的帮助、交流、认可和鼓舞,也会让受训人员不计得失,以更加昂扬的奋斗姿态和更加饱满的工作热情,投入到训练中去。

国以人立,教以人兴,师者为师亦为范。在培训教员与受训人员的"师生"关系中,受训人员需要从教员的行动中找到信任,而非言辞。这就要求培训者必须具备令人信服的人格魅力,在具体事务上有言必行,展现可靠性和可依赖性,当受训人员真正了解培训者的价值观和意图,认可其行为时,他们会变得更加积极,会倾其所能做到最好,训练的意愿和对进步的追求也会向下深扎根、向上稳生长。

倘若在训练中遇到障碍,培训者应主动介入、正面解决,鼓励受训人员锐意进取,成为榜样。继而创造出一种水波效应,使信任传输到组织的各个角落,在互信中发展,在开放中共赢。此外,培训者还要制定规则、政策和流程,来保护组织内大多数需要和应当被信任的受训人员不受负面因素的影响。长此以往,双方就会建立长期且牢不可破的互信关系。

7.1.4 受训人员要充分展示自我

在讨论互信关系建立时,人们习惯于会将目光聚焦在管理层和培训者的关系上,认为自上而下地建立互信是理所应当的。因此,有些受训人员对待建立互信,不热情、不主动、不积极、不落实。事实上,尽管培训教员在整个训练中拥有更多的话语权和决策权,更善于激发受训人员的学习热情。但受训人员自身,也应具有自下而上建立互信的力量与意识觉醒,这股力量带来的互信价值,依然不容小觑。

首先,受训人员应放下戒心,适度地"介绍"自己,让培训者对自己有所了解,即所谓的"破冰"。"破冰"是建立沟通的第一步,有些受训人员认为这是一种示弱、吃亏或者是谄媚,不愿意主动参与。很多沟通的渠道就因为这种心态而被堵塞了,受训人员的想法教员不理解,教员的思路受训人员也不认可。

其次,应建立互信关系的价值基础。这一价值与此前提到的情感沟通不同,受训人员应更多就自我业务素养与能力进行展示。业务能力是建立双方互信关系的纽带,也是受训人员展示自我、实现自我价值的重要途径。比如,清晰地认知自己在训练中的目标、真实的讲出现状、愿意分享信息、学会平等对话;在训练过程中面对组织需求时全力以赴,与培训者建立了信任基础;主动汇报工作以及学习中的困惑,从培训者身上得到答案;在训练过程中积极思考,通过原理知识点和操作技能的学习,精益求精地对待模拟训练工作等。

通过适度"介绍"自我与建立业务交集,受训人员与培训者之间将建立真诚互信、密切协作的关系,甚至结下深厚友谊,锻造坚如磐石的强军之基。

第 2 节　建立荣誉和奖励机制

在训练中,受训人员行为发生转变的一个重要诱因,就是可以从中获得想要的回报。回报可以是本质的(内在的),也可以是表面的(外在的),或者是两者兼而有之。一般来说,内在回报包括受训人员行为转变时出现的内心满足感、荣耀感和成就感等一些积极结果。外在回报包括赢得管理层的表扬、他人认可以及相应的物质和精神奖励。在日常的培训中,不同的性质的单位会根据自身特性,选择内在回报和外在回报相结合的方式,促进受训人员行为发生改变。

美国哈佛大学的威廉·詹姆斯(W. James)教授在对员工激励的研究中发现,按时计酬的分配制度仅能让员工发挥20%～30%的能力,受到充分激励的话,员工的能力可以发挥出80%～90%。如果把激励制度对员工创造性、革新精神和主动提高自身素质的意愿考虑进去的话,激励对工作绩效的影响就更大了。

组织的管理建设离不开人的主观能动性,机务人员是航空装备保障队伍建设的新路径、新增长点。从受训人员中挑选出符合组织需要的人才,使更多优秀的机务人员脱颖而出,大体上有两种方式,包括压迫淘汰式和激励引导式。前者重在强调训练的迫切性,将淘汰的压力分解在每一位人员身上,让他们时刻上紧发条,避免掉队。这种方式尽管能够时刻敲醒警钟、鞭策受训人员,但如果运用不好就会适得其反,让受训人员感到十分挫败,丧失自信。后者则是以"需要→行为→满意"为连锁过程,及时、得体地用表扬"激励"受训人员。

人机训练的最终目的是快速、整体地提升机务维修人员的专业保障能力,促使其快速适应工作岗位,而不是为了淘汰筛选。因此,积极探索正向激励的考核方式,及时鼓励受训人员,建立荣誉机制对受训人员进行激励,无疑是实现惠兵利兵的充分条件,也是落实人机训练评估落实的关键。这些举措,既能对高绩效的受训人员进行奖励,因势利导地肯定其在训练中的自我价值实现、对组织的贡献,又能树立榜样价值,激发机务人员从"要我学"到"我要学"的转变热情,将精神的力量化为进取的动力。

7.2.1 通过荣誉机制形成优良作风

与奖励机制不同,荣誉机制更注重对精神力量的放大与引导,应以明快灵动的视觉语言或者深刻的思想认知表达丰富的荣誉内涵,使荣誉更富有激励作用。通过激励,机务人员内心的荣誉感不断生长,将展现出"部队培养我成才,我为部队做贡献"的优良作风。建立荣誉和奖励机制要以鲜明战斗力为导向,突出新型作战力量和重点作战部队,大力优化岗位配置。

一方面,荣誉激励要以激发机务人员的创造性为前提,广泛开展评选"机务尖兵""训练能手""技术能手""硬功榜"等活动,该鼓励的鼓励,该表彰的表彰。比如,颁发受训人员荣誉证书,使机务人员受训人员终身牢记这一努力奋斗的过程;及时发现和宣扬战备训练中的优秀机务人员,营造"靠技术吃饭、凭实绩进步、在胜任中胜出"的鲜明导向;发现、培养并宣扬一批看得见、叫得响、有说服力的机务人员先进典型,通过正面引导形成全体受训人员追赶超越的强大合力等。

对于获得荣誉的机务人员,要鼓励他们将荣誉转化为前行的动力,对于还在朝着荣誉奋进的机务人员,则要发挥组织效能进行荣誉引导,帮助他们深刻理解"唯有锲而不舍,方不辜负灼灼芳华"的道理,不断突破自我,勇攀高峰。

另一方面,要重视一些润物细无声的"隐形"的荣誉激励,这种荣誉激励不是口头上的表扬,也不是看得见的激励,而是通过一些思想层面的认知,来激荡出机务人员内心刚毅坚卓、努力进取的向上心态。比如,参观军史长廊、旅史墙和大队荣誉室等,这些由热血和忠诚铸就的精神瑰宝,能快速聚拢官兵特有的"精气神",让机务人员感悟机务前辈在岗位上忠诚使命、履职尽责的精神品质。又比如,邀请优秀机务人员或者先进典型举行专项演讲或者通过恳谈会介绍心得体会,在部队内部开展具有教育意义、荣誉引导的相关活动。还可以集中开展以机务为主题的教育宣传、文化展览、岗位宣誓、军营开放等系列活动,通过精神鼓舞进一步弘扬机务传统、推广机务文化,提升机务维修人员的职业认同感和归属感。这些精神力量体现了军人的本色和使命,彰显了部队的风采和担当,就像"他山之石"一样,能让机务人员不忘初心、牢记使命,为强军实践奉献力量。

7.2.2 奖励机制需长期、系统开展

奖励作为一种激励手段,在管理中至关重要。它能促进官兵在工作中永葆热情,是焕发人们的荣誉感和进取心的有效措施,是最大限度挖掘潜在能力的管理良方。在商业社会中,奖励包括奖状、证书、奖金、持股、股票增值权、分红权等。在军队训练中,奖励制度应突出军中特色、体现职业特点、彰显荣誉功绩、注重内心联系,形成合情、合理、长期、系统的奖励体系。

针对航空装备维修保障人机训练建立的奖励制度,要与单位评先评优、干部任用、军士改选、专业技能的考评、个人立功受奖、职务晋升挂钩,为机务人员搭建高效的成长平台和长效的发展空间,让他们做到心中有数。对素质过硬、成绩突出的,给予表彰奖励,切实形成"靠素质立身、凭实绩进步"的奖励环境。同时,定期召开表彰大会,对机务人员进行公开的表扬嘉奖、立功受奖称号等,会让奖励制度更有仪式感。通过这种仪式感,受训人员能强烈感受到被尊重的美好,进一步凝聚军心、鼓舞士气,发挥出干事创业的激情干劲。

通过奖励机制这只无形的手,切实教育机务人员做好受训准备、端正学习态度和动机,既能强化机务人员的职业归属感和学习主动性,又能对不思进取、考评不达标的受训人员们起到榜样作用。健全的激励机制应该是长期的、系统的,最大限度地释放激励效应,让机务人员有盼头、有想头、有奔头,以树立正确的用人导向。

7.2.3 荣誉和奖励机制应提前告知

著名军事家克劳塞维茨曾说过:"在一切高尚的情感中,荣誉心是人的最高尚的情感之一,是战争中使军队获得灵魂的生命力。"

针对人机训练评估的荣誉和奖励机制,虽然围绕的是某部或者某组织机务人员群体,所涉及的范围相对有限。但每一个奖励制度的背后,都有一个人性化的逻辑。而且奖励制度的制定,并不是心血来潮的突发奇想,而是要结合部队实践,有组织、有计划地形成和推进。

建立荣誉和奖励机制,应结合目前部队的相关实施纲要和管理规定进行展开,并在训练开始前就针对受训人员群体进行宣讲及告知。告知内容包括训练考核项目、考核方式及奖励办法,告知形式要正式、有威严,尽量选用书面方式进行告知。提前告知的荣誉和奖励机制,对于机务人员来说,犹如黑暗中突然点亮了一把火炬,既能照亮着训练前行的方向,又能让大家在训练中有干劲儿、有奔头。

第3节 基层领导参与负责制

空谈误事,多说无益,执行与落实才是关键。在部队战略贯彻落实中,基层领导管理的参与,展示了务实、深刻的一面。古今中外军队的锻造,都是从牢固基层建设开始的。国家在实施军队改革、推进新战略时,也提出了"立足基层,逐步推进"的开展思路。

基层领导们长期奋战在工作的最前线,对基层业务了如指掌。既要面对上级各部队部门的协调督导,又要对错综复杂的基层人员进行管理、团结。他们是新时代推动我军基层建设全面过硬的重要法宝,让部队管理走向了依法治军、从严治军的可持续发展之路。同样,在人机训练评估中,基层领导参与负责制也是推动人机训练评估落实的重要"前沿哨""探照灯"。

面对人机训练评估的成果,应从哪些方面进行落实?评估模型的七个层级反馈,具体如何一一对应进行改善呢?基层领导是实施评估结果转换的"中转站",也是最重要的"建设窗口",他们对评估的态度决定着评估的应用程度。这也就是为什么有些评估明明很好,但是在落实过程中就变味了,主要就是基层领导没有参与负责制。还有些基层领导认为培训评估与部队训练时间会产生冲突,只是偶尔组织一次,或者担心一旦评估的结果表明培训项目的绩效很差或非常不理想,自己会遭到领导批评,结果费力不讨好。因此,落实基层领导参与负责制是训练评估畅通执行的"临门一脚"。

7.3.1 自上而下落实评估

显而易见的是,通过基层领导自上而下地进行落实,行之有效地进行渗透,是评估落实的必经之路。对于人机训练评估的落实,如果基层领导作壁上观,任由受训人员进行自我落实,那无疑会在操作方法和绩效效果上大打折扣。只有建立良性互动的基层领导参与负责制,评估才不会陷入任务只分摊不落实的尴尬,而是作为部队建设的重要战略有血有肉地进行下去。

基层领导对基层风气建设了解最为真切,在管理中具有能干、会干的先天优势。他们十分擅长在具体的实践任务中配置资源,化整为零,针对评估反馈进行一一落实。当执行改进过程中出现矛盾或者错位时,他们又可以独当一面,从人员组织、训练计划和培训架构方面发挥灵活、有效的协调作用。

对于航空装备维修保障人机训练评估模型在受训人员、教员、学习效能、态度、能力、协同与互助、组织与管理、训练结果七个层次中反馈的可视化评估绩效,基层领导要吃透、摸清,并心细如发地进行针对性的改进输出。

受训人员态度有问题?那就积极宣传条令内容规范,营造出遵守条令、严守条令的风气氛围。现有的讲义教材无法让受训人员提起兴趣?不妨结合实际对教材进行相应的调整,并定期开展知识问答、队列会操、比武竞赛等相关活动,将条令要求融入部队日常生活当中。操作训练技能考核中,不规范操作占比高？或许应该尝试优化维修训练流程，更新特情处置手册、设备使用指南、训练卡片和机务维修卡片。如果还是不够，那就一遍一遍地加强训练，以练习时间赢取操作经验。

人机训练评估体系虽然已经完整确立，但评估落实最终依靠的是人的力量，难免会导致一些"意外"发生。比如，有一些岗位背景相关性差的受训人员无法与现有学习进度同步；有的教学设备与现有的人机训练需求不匹配，显得"过时"，影响了评估绩效的准确性；有的教员专业能力不够，但是短时间内又无法改善；目前的人员组织配置无法支撑评估进度，致使评估流程难以有效推进等。对于这些"意外"，基层领导在参与负责时，应充分释放管理智慧，采取对症下药的手段进行疏解。

此外，面对新时代发展的军事环境，基层领导应不断加强学习，提升自身业务素质能力。对新形势、新技术心怀敬畏，要有"危机意识"。并发挥部队踏石留印、抓铁有痕的精神，以"标"提质、以"准"强基，长期持久地对训练绩效评估进行贯彻，严格按标准评、按程序评、按内容评、按节点评、按时间评，及时组织复盘总结，真正用好评估工具，实现训练从量变到质变的快速突破。

7.3.2 以工匠精神建立学习型组织

机务人员手上积淀着卓越的维修技艺，身上承载着责任和担当。他们经常加班加点，奋战在维修保障完成任务一线；他们孜孜以求，苦心练就一身绝学，为航空装备发展奉献着心血。

机务保障工作的严谨性与规范性决定每一项检查、每一次拆解、安装都必须严格按照经批准的标准在限定的框架范围内实施。它的重复性、严谨性、执行性等内在属性与工匠精神高度契合。而"工匠精神"，正是写在政府工作报告中的显著词条。可以说，机务维修就是当代工匠精神的完美诠释和直接体现，机务人就是工匠人的最佳代言。他们秉持工匠精神，履行自身职责，肩负安全使命，承载人民重托，是保证飞行质量的重要基础，也是确保航空器适航安全的有力支撑。

如何发挥机务人员的工匠精神,促使机务人员积极主动进行培训成果转化？这就要求部队在"工匠精神"的指导下建立学习型组织,鼓励机务人员经常交流,共享应用新知识、新技能的心得、经验,探讨工作中的难题,让评估绩效落实进入"快速通道"。

与一般的组织不同,学习型组织具有持续学习的能力。建立学习型组织,依赖于基层领导为机务人员训练创造良好的学习氛围和条件,做好绩效提升保障工作。通过精心设计、精确比较、有效改进,积极组织学习活动,保障机务人员扎实练好基本功。面对日常工作中遇到的"疑难杂症",利用故障研讨活动等"学习窗口",将这些问题放在所有人的目光"显微镜"下,鼓励组织成员共享经验、集中攻关。或者建立新机新装维修保障完好率、故障率、出动率等优胜红旗评比制度,在组织内营造浓厚的学习氛围,以制度促运转,保证组织保活力。

正如"工匠精神"一样,当把细小的事情做到极致,技能就实现了质的飞跃。在组织氛围的熏陶下,在短期目标与长期目标的激励下,必将会在机务人员群体中,形成一片蔚然成风的"比学赶帮超"积极场景。

7.3.3 以身作则深化"传帮带"

在组织训练中,有些基层干部对机务人员给的任务多、教的方法少,提的要求多、定的标准少,批评指责多、具体帮带少,工作中理思路、传经验、教方法还不够,总认为有些机务人员学历层次不是很高,思想上不想教、行动上不愿帮,与大家缺乏感情纽带。

作为基层领导,应端正态度,根据不同素质基础的机务人员,为他们制定培训规划,按照每季度或每个训练阶段,分专业、分层次组织集中培训。采取理论辅导、难题会诊、示范观摩等方法,提升动作质量,严抠动作标准,一对一辅导进行精细化训练,确保形成整体训练水平稳步提升的良好局面,不让任何一个机务人员掉队。

在训练中,基层领导要心细如发,善于从训练评估成果的蛛丝马迹中发现受训人员的错误并分析原因。一方面,坚持"学习借鉴先进的、参考研究已有的、创新形成自己的"。建立新老机组混编帮带制度,发挥团队里的"传帮带"作用,逐渐淘汰与新机型新装保障不符合的老经验,做好技能知识传承,走出机务工作新风采;另一方面,坚持以身作则,引导机务人员严格按照"定位准确、机理清楚、问题复现、措施有效、举一反三"的步骤进行训练,让问题得到彻底解决,不留隐患。

第4节 推进机务模拟训练实战化

今天的考场连着明天的战场,实践是检验真理的唯一标准,党的十九大报告中鲜明指出要"开展实战化军事训练"。能战才能止战,贴近实战训练是提高训练水平、砥砺实战空军的制胜法宝。全方位模拟化、全过程实战化,是检验机务人员战斗力的校验场,也是进一步落实训练评估绩效提升的加速器。

《中国的军事战略》白皮书中指出:提高军事训练实战化水平。坚持把实战化军事训练摆在战略位置,从实战需要出发从难从严训练部队,严格按纲施训,加强战法训法创新,完善军事训练标准和法规体系,加快大型综合性训练基地建设,构建实战化训练环境。深入开展基于实战需求的模拟实景训练、基于信息技术的模拟仿真训练、符合实战标准的实兵对抗训练,加强首长机关指挥训练和诸军兵种联合训练,加大在复杂电磁环境、复杂陌生地域、复杂气象条件下训练力度。建立健全训练监察督察制度,努力使训练和实战达到一体化。

俗话说,庭院里跑不出千里马,温室里种不出参天树。课堂不同于战场,理论不同于实践。即便是机务人员的训练评估绩效喜闻乐见,训练成果提升显著。但不可否认的是,依然存在课堂与战场对接不准、理论与实践结合不紧密等问题,尤其是在实战场景的"扫描"后,模拟训练实战化的需求更加凸显。

近年来,在实战化演练的浪潮中,无数机务人员不断锤炼维修能力,并积累了宝贵"战场"经验。要想在机务模拟训练中,保证大批高素质机务人员骨干人才脱颖而出,就需要结合当下,推进机务模拟训练实战化。

7.4.1 结合实际,将训练搬进实战场

在电影《中国机长》中,面对在飞机颠簸中心态几乎崩溃的乘客,乘务长在危急关头讲了这样一段话,"我们每个人都经历了日复一日的训练,就是为了能保证大家的安全,这也是我们这些人为什么在这架飞机上的意义"!这段话铿锵有力、感人肺腑,从侧面体现出了机组人员百炼成钢的学习态度和训练精神。

虽然工作性质有所区别,但同样作为特殊职业的机务人员,无一不是经历了冰冻三尺非一日之寒的严苛训练,才练就了一身精湛的维修技术。从起飞线滑出到加力升空,从平安降落到细致检查,战鹰所翱翔过的地方,每一处都散落着机务兵的滴滴心血。他们花费了巨大的时间和心血,经历了无数次的学习和演练,闯过了一道又一道的难题,才站在了飞行场上,为飞行战斗保驾护航。

在人机训练的组织开展过程中,组织者往往会发现这样一些问题:有的受训人员谈及操作理论时头头是道,但是一上机操作却无法完成一套符合规范的操作步骤;有的受训人员怕苦怕累,面对新设备时不愿意啃"硬骨头",宁愿守着老经验、老技能;有的缺乏足够的训练时长和经验,操作实践能力还有短板,离部队需求还有一定差距;还有的受训人员没有经历过战场环境的训练,操作技能差强人意……

想让他们通过训练提升能力快速补充到机务人员团队中去,在战场上站

得稳、打得赢,必须结合军事日常,将训练搬进模拟战场。实景呈现的模拟战场,能够有效、自如地组织开展实战化练兵比武竞赛、野外实兵对抗、防空袭演练、大项军事演习以及其他非战争军事行动等多种演练。这些实战演练,静的科目少,动的科目多,演的成分少,练的比重多,形成了衡量受训人员实战化训练水平的标尺,将所学贯彻到了具体的战斗任务中,提高了机务人员临机处置、解困破难的应变能力。

在掀起大抓实战化训练热潮,增加演习、演训、演练次数的同时,还应根据人机训练绩效评估对战斗力的分析,从战斗立意上进行拔高,提升演练层次。比如,组织以战斗飞行快速机务保障为主线、以夜航战斗飞行保障为重点、以航空兵部队岗位设置和战斗飞行保障程序为依据的综合演练,让受训人员"唱主角、挑大梁",并设置多个在实战中可能遇到的突发情况,帮助受训人员把所学专业知识转化为战场保障能力,锤炼过硬机务作风。又比如,针对多样化任务的特点,按照单兵、班组、分队逐级合成,组织多情况的应急方案演练,使受训人员熟悉任务、位置和方法,闻令而动、依案而行,快速投入战斗。

结合实际,将训练搬进战场,聚焦为战督训、为战督改,是航空装备维修保障人机训练评估落地生根的要求。对于机务维修在演练场上的成绩及表现,也可作为军事效益提升的依据或者问题暴露的反馈,进入到新的评估过程中去,让评估体系更加完善。

7.4.2 面向未来,持续评估与时俱进

紧跟空军作战需求的发展步伐,航空装备维修保障人机训练评估,一方面要求部队加强转化运用,及时总结推广练兵比武好经验好做法,充分发挥尖子人才"种子"功能带动部队训练,营造大抓实战化军事训练的浓厚氛围。另一方面要求秉承与时俱进的战争特色,聚焦责任和使命,推进理论创新,以持续评估永葆生机活力。这两方面,彰显着军事训练的要求,体现了人机训

练评估开展的意义和根本原因所在。

未来的战场上,战场的环境是复杂的,部队的概念是全新的,空军的作战是协同的,机务的工作是敏锐的。很有可能在整场战争中都看不到什么实体,而是分散开来,通过多个系统、平台来协同作战。这就要求人机训练评估的开展与落实,应与机务模拟训练工作的新形势紧密结合,重新设计操作视频、升级更替模拟器设备、调整讲义教材和课程安排等,促进教学资源持续更新、加快设备信息化建设、助推人机训练质量不断优化。

第5节 激励技术在模拟训练中的应用

激励这个概念用于人机训练管理,是指设计适当的奖酬形式和人才战略,来激发、引导、保持和规划受训人员的行为,并将归宿点落在实现个人目标及部队预期目标上。积极面对全球化给人才带来的影响和调整,制定具有部队特色的激励机制,可以提高人才管理的科学性、合理性,创造和改善人才工作环境,形成人尽其才、才尽其用的机制,使军队现代化建设获得长久的动力源。更深层次的考量是,一旦形成了适合的军队管理激励机制,必然带来军队核心竞争力的上升。

近年来,机务人员结构正在悄然发生改变,直招军士、定向培养军士的比例逐渐增大,预选军士的大学生比例也在不断地提高,机务人员人群主体及年龄结构呈现出了较大变化。对于机务队伍来说,他们是素质更多元的"新鲜血液",是能思善悟、热情似火的年轻力量。他们在为部队注入朝气蓬勃的青春力量之余,同时也出现了一个新的问题:如何让新机务人员快速适应部队生活,在航空装备的人机训练中发挥主动作用?

年轻机务人员,时代烙印明显,追求个性、崇尚自由、追求自我的价值体现。而机务工作,环境比较艰苦,往往需要披星戴月,经受严寒与酷暑,工作氛围也相对枯燥,娱乐休闲活动有限,缺乏家人面对面的关心和问候。针对机务人员的人机训练专注且精细,需要机务人员全神贯注将同样的动作多次重复,耗神费力,这对年轻机务人员的智慧和信心、耐心和坚持等,都是极大的考验。

在任何一个组织的管理落实中,激励作为催化剂的作用都不容小觑,想要针对机务人员的个性特点来展开人机模拟训练,就需要引入更多的正向激励的手段来进行助推。在模拟训练过程中,激励的手段越多,心理投射越多,受训人员就会越积极、越自信,主动对工作中存在的消极行为进行改造。重视激励技术在模拟训练中的应用,是紧盯战斗需求制订机务人员培训计划,合理优化育才链路,促进机务人员核心能力逐年升级的核心动力。

7.5.1　善用积极心理暗示

每个人的内心里,都藏着能量巨大的潜意识,重要的是如何学会激发它。心理学上,这种"激发"的过程常常被称为心理暗示。在西点军校的课堂上,曾有过这样一句话:成功心理、积极心态的核心是自我暗示的意识,暗示意识来源于经常在心理上进行积极的自我反馈。可见,积极的心理暗示能使人迅速进入一种乐观状态,这种状态可以带来认知、情感以及行为的转变,让人变得镇定、注意力集中和更加觉察。

在人机训练中,模拟器训练的过程是通过人机交互完成的,原理知识点的测评也可以通过计算机界面来答题完成,这些及时反应的考核、学习方式,都为建立积极心理暗示实现了天然条件。比如,受训人员通过计算机进行知识答题,系统可以根据题目答案和步骤解析,在每答完一道题之后就给出"优秀""继续努力"等评价,或者以星级进行打分。答对的问题越多,机务人员的心理暗示作用就越强,对于学习就越有信心。即便是得到了"继续努力"的评价,也足以避免"回答错误"这种冷冰冰话语带来的失落感,反而是用温暖鼓励的语气来督促受训人员在接下来的答题过程端正心态,仔细辨别。

当一项测评完成后,将由专人针对测评结果进行点评及拓展学习。对高素质、表现好的受训人员要及时表扬,不断进行积极的心理助推,让其主动发挥榜样价值。对表现不尽如人意的受训人员应尽量避免直接否定或者斥责,以正向引导的方式帮助他们发挥自身潜能,重新鼓起勇气奋起直追,迎头赶上。为更好地体现不同受训人员之间的差异性,让受训人员清楚的认知自身学习水平及在受训人员绩效中所处的位置,管理层可根据训练成果建立相应的积分制,或者通过"数字上墙"将数字对比的形式反映出来,以激励上进、鞭策后进。

7.5.2 以精神激励、正激励和内在激励为主

"持军之急务,莫大于赏罚"。古今中外,任何一支善战常胜之师,无不重视以奖励气。《孙子兵法·作战篇》中就曾言道,"车战得车十乘以上,赏其先得者而更其旌旗。"我军自诞生以来,之所以能够战胜各种艰难困苦,打败一切敌人,很重要的是注重建立实行褒奖制度,激励官兵崇尚荣誉,为履行肩负的神圣使命注入精神动力。

激励理论的基本思路,是从人的需要出发采取相应的管理措施,以激发动机、鼓励行为、形成动力。对于激励的方式,学术界有很多种理论和方法,比如著名的马斯洛需求层次理论、激励—保健双因素理论、期望理论等。不同的激励类型对行为过程会产生程度不同的影响,所以激励类型的选择是做好激励工作的一项先决条件。

激励类型一般分为物质激励与精神激励、正激励与负激励、内激励与外激励几个层面。具体实践中需结合部队实际,物质激励与精神激励相结合,以精神激励为主,注重机务人员的自尊、自我发展和自我实现的需要,用嘉奖、表扬、等各种形式,给予机务人员充分的尊重;正激励与负激励相结合,以正激励为主,坚持平等有度的原则,对个体表现出的符合组织期望的行为进行奖励,又要对不符合组织期望的行为进行些许抑制;内激励与外激励相结合,以内激励为主,内激励与工作任务同步,即在工作中获得满足感,与个人

的创造力会呈现出了显著的正相关,外激励则是在工作完成之后获得的,比如升职等。针对航空装备维修保障人机训练的激励,要以精神激励、正激励和内在激励为主。使先进个人、岗位能手的价值在工作、生活中得到充分的体现。

7.5.3 适度竞争,让高素质机务人员脱颖而出

在一个团队中,如果过于强调平均主义,积极性是不可能完全调动起来的。现代化军队建设的形势,要求机务人员精干、时效、协同性强,没有竞争就没有进步,没有激励就没有动力。科学的激励制度可保有一种竞争精神,创造出一种良性"优胜劣汰"的环境,形成比、学、赶、帮、超的氛围。面对适度竞争带来的压力,受训成员会敏锐地感受到来自其他成员和环境的督促作用,将督促作用转变为努力工作的动力。正如麦格雷戈所说:"个人与个人之间的竞争,才是激励的主要来源之一。"

激励机制在组织内部,能有效地强化岗位竞争机制,使机务人员意识到竞争环境的激烈程度以及不断提高个人维修技能的紧迫性。一定程度上可以引导机务维修人员不断砥砺奋进,锤炼过硬本领,为强军兴军汇聚磅礴力量。但是来自外部诱因的刺激,往往也会让竞争氛围过度白热化,导致激励走向失控。因而,在激励中引入竞争氛围的前提是要控制竞争沿着正确方向发展,保证竞争在公平、原则基础上进行。

7.5.4 合理设计,形成激励技术长效机制

《工作的激励因素》一书的作者赫兹伯格曾说过,激励员工的关键在于设计出一种能让员工感到工作本身就是激励的工作任务。现实生活中,以此为基础的激励应用已经十分广泛。良好的激励技术具有覆盖面广、长期的、相对稳定的激励效应,更容易凸显激励机制对个人潜移默化的影响。

传统的激励政策,大多是针对具体任务或者某一目标而制定的"回馈性"

激励机制,激励方式过于简单,激励目标不够明确。军队建设系统的复杂性、宏观性和工作任务的复杂性,决定了激励技术在顶层设计时应具有针对性、可行性。

  一套完整、合理的激励制度,应根据军队各级各类人员不同的工作岗位的现实表现合理分类,针对不同层次机务人员的需求设计相应的激励措施,有利于组织目标的实现、人员潜能的开发和组织成员荣誉感的强化。比如,对于基础素质较差的机务人员,应重点衡量其在训练测评中的进步程度;根据机务人员的训练成果及表现优劣,要进行区分激励;对于机务人员的激励要全面展开,而不是单次成绩的优秀;对于一些有抱负的机务人员,要尽可能搭建平台,让其更好地实现自我价值等。

  激励制度的建立,既要形成体系,又要因人而异。需要训练组织者,在评估落实过程中,积极引导机务人员将个人的能力、性格、素质等因素与组织目标联系起来,形成独具特色的激励路径。

第8章
人机装备训练评估拓展应用和展望

建立航空装备维修保障人机训练评估体系,是一个层层递进且不断回头看的推导过程。一开始,我们从航空装备维修保障训练意义及评估需求、训练绩效评估的一般方法出发,围绕机务人员潜能透视出了航空装备维修保障人机训练评估模型构建的关键,以及评估的流程和方法。为让这一评估模型"根深叶茂",分受训人员分析、教学反馈分析、学习效能分析、态度与能力分析、协同与互信分析、组织与管理分析、训练结果分析七大层级设置指标及权重,并在数据库技术和层次分析法等评估算法的逻辑路径下,形成了可视化的评估平台。对训练系统、评估平台、管理者决策三大子系统于一体的可持续性评估体系,实现了全链路解读。当评估结果形成后,则倡导建立互信、荣誉与奖励机制、基层领导负责参与、推进机务模拟训练实战化、应用激励技术等方法保证评估成果"养深积厚",以静待花开。

关于人机训练评估的研究,主要是以装备维修和模拟器训练为探索"支点",来撬动机务人员训练绩效提升。对于这项理论、实践双向互动的高价值成果,若是仅局限于某一项训练、某一个组织或者某一个时段,那么就会丧失其发挥"酵母"作用的研究底色。在实际的应用和展望中,航空装备维修保障人机训练评估的外延还应持续扩大,拓展到机务定岗定责、综合演练、人机训练辅助设备提升、更广泛的部队维修训练等领域,将评估的工具属性发挥到极致。

第1节　机务定岗定责及人才梯队建设

功由才成,业由才广,军人生来为战胜,能打胜仗的人才是"第一资源"。人机装备训练评估是以部队岗位需求为出发点,面向岗位施教、贴近部队组训的有效载体。人才建设中,如何充分转化已形成的人机装备训练评估成果,优化进阶认证、人才培养的装备培训一站式解决方案,是集聚高端人才、推动军队革新的当务之急。

机务定岗定责,应以训练法规的基本框架为约束,从实施训练评估的现实需求考虑,建立职责清单,划分职能界面,统一标准规范。在机务人员的选拔、培养、考核、使用中,灵活引入人机训练评估成果的判定功能,逐步建立以岗位细分为基础能力项的上岗机制和晋升制度,不断探索、优化和完善任用制度机制。

在机务人才这个"鱼塘"里,如果说定岗定责的人才区分机制是选鱼苗入池,明确考核评价标准和岗位任用资格,那么人才梯队建设就是日常喂鱼,紧扣打仗能力生成释放规划设计职业发展路径。人才梯队建设是围绕装备使用情况及培训需求,制定满足机务维修多方位需求的全周期、多层次、定制化培训模式,形成各类创新人才脱颖而出、各类创新成果竞相涌现的生动局面。借鉴人机训练评估对机务维修成绩的展示,能进一步考准考实机务人员的业务能力,并结合全程择优的晋升任用,让谋战能战的机务人员有平台、受重用,真正做到"寻觅人才求贤若渴,发现人才如获至宝,举荐人才不拘一格,使用人才各尽其能"。

军队现代化建设宏伟蓝图的有效实现,依靠军队人才的创新实力、科技实力和部队战斗力。人才梯队建设是一个长期、动态的过程,需要几年、十几年甚至几十年的坚持。其目标在于避免人才断层,未雨绸缪地培养该批人才的接班人,由人才培养目标确定人才成长路线,由人才成长路线推算单位人才梯次结构,依次推进形成人力资源的"活源泉"。人机训练评估的可持续发展特性,决定了其"扬帆加速"作用不仅用于当下,还能在人才梯队长期建设中持续发挥作用。

8.1.1 定岗定责及晋升制度

机务维修人才队伍是空军部队建设与发展的重要力量,做好人才的选拔、培养、使用和保留工作是提高空军机务保障能力的重要环节。随着军队建设内外环境的变化,空军机务维修已经发展出比较成熟的维修岗位职责制度以及维修等级晋升制度。

机务人员上岗从事机务工作必须取得相应岗位的维修资格,经过定岗考试才能正式上岗,包括机械、电子、特设(电气和仪表系统)、火控等专业。开展航空机务专业岗位资格管理工作是加强航空机务人员队伍建设,实施全员精细化管理,激发广大航空机务人员钻研专业技术、调动工作积极性和保证质量安全,以及提升航空机务人员任职培训体系建设水平的重要措施。

评定初级、中级、高级专业技术资格的,应分别达到国家规定的学历、资历等条件,并通过国家和军队统一组织的等级资格考试,严格按相关程序进行评定。评任专业技术职务的机务人员,待遇保障水平将相应提高。认证主要内容包括维修资格、培训经历、《维修作业能力训练科目清单》完成情况等。维修作业能力训练科目清单是师(旅)以下单位按照《军事训练与考核大纲》内容,参照空军装备部下发的标准化作业训练与考核卡片,区分机型专业,按照不同的能力模块,细化列出航空机务人员所需维修作业能力训练科目的清单。需要完成所有科目的培训并考核合格,才能申请等级认证。

一般来说,初等级培训的重点是基本知识、基本理论、基本技能,达到上岗水平,结合日常训练、晋级培训组织实施;中等级培训的重点是深化专业理论、深化操作技能,结合日常训练、短(轮)训和晋级培训组织实施;高等级培训的重点是提高维修作业能力和技术研究能力,结合日常训练、短(轮)训和晋级培训组织实施。

将绩效评估与官兵的定岗定责、评先评优、晋职晋衔、教育培养、提拔任用等挂钩,科学的成绩评定、合理的结果运用、公平公正的奖优罚劣,有助于树立训练导向,进一步规范训练组织实施。一是便于航空机务岗位等级进行精细化管理,形成训、考、评、管等流程闭环,使管理人才与技术人才都能得到全面提升和发展;二是注重机务人员专业能力和工作业绩,充分发挥机务等级的激励作用,在人机训练评估中德才特别优秀、工作成绩十分显著的,可加快晋升速度,使"人尽其才,事得其人,人职相宜"。

8.1.2 机务人才梯队建设

当前空军装备进入了飞速发展期,以铸长空重器为战略目标,大批信息化武器列装部队,装备技术含量日益提高,武器系统日趋复杂。与之相适应的是,机务维修人员的培养也必须紧跟装备换代步伐,树立超前培养、持续培养、拓展培养理念,搞好人才预置储备,打造人才梯队,形成不断档的"人才链"。

近年来,空军装备部门为积极拓展培训渠道,走上了开放式办学路子,形成了基地、院校、部队、工厂、研究所"五位一体"共育技能型人才的办学模式。这些举措,进一步完善了"共建共育共享"的协作机制,建立起稳固的实习基地,使装备训练动态、教学改革最新成果及时进入教学、进入训练场。

现有体制下,继承和发展评估工作的既有经验,优势在于广泛调研并发挥现有办学条件下的战略人才培养体系。清晰地绘制出以"预置式培养、阶梯式培养、拓展式培养"思路为主线的"造血式培养"路线图,改革人才培养模式,优化人才成长途径,健全人才评价激励机制。

预置式培养,提前做好人才和智力准备。精准快捷的装备技术保障已成为未来信息化战争的制胜关键,高素质新型机务人员人才,正是新装备快速形成战斗力的重要支撑。人才准备是军事斗争第一准备,宁可人才等装备也不让装备等人才的观点,早已成为全军上下的共识。机务保障人才培育工作要做到未雨绸缪,就必须以前瞻思维提前做好人才和智力准备,对人才进行"预置"培养。新装备列装前,应抱着本领恐慌的心态,提早选送基础素质过硬的技术骨干到院校学习理论,掌握装备基本原理,按照机关计划进行新机改装,利用好改装学习的机会;利用新机接装等机会到承研承制承修单位"跟班打工",学习装备操作维护技能,掌握操作要领。提前预置的人才还存在一个保留的问题。要有发展的眼光,坚持从长远和大局出发,尽可能保留那些暂无用武之地、但在信息化装备列装后可以大显身手的新型装备保障人才,实现保障人才与信息化装备的顺利衔接。

阶梯式培养,确保后继人才持续跟进。不少列装新机的部队由于后续保障人才储备不足,时常出现人才流失甚至人才断层现象,特别是在人员转业、退伍前后,保障人才准备不足的矛盾比较突出。事实上,铁打的营盘流水的兵,技术骨干人才总有离队的一天。这就要提前做好后续人才的培养,确保人才队伍"阶梯式"跟进。

一是采取以老带新的方式。按照"高级带中级,中级带低级,低级带新兵"的原则,组建互帮互助小组,借助团体力量提升后备人才技术水平,提高人才储备能力,形成递进有序、稳步提高的人才梯队。

二是安排年轻技术苗子有计划地进承研承制承修单位和院校"加钢淬火"。通过基层推荐和岗位练兵,分批选拔专业基础好、接受能力快的"技术苗子"进入"成才种子库",提前研究确定每一批次送学、进厂人员名单,科学有序地做好人才培训工作,不断造就机务人员人才的新生力量。

三是着力打造备份人才的"板凳深度"。当前,先进的信息化装备大量列装,使得武器系统更加复杂、操作和维护要求更高,人才培养周期比以往也更长。这就需要部队领导干部站高看远,有"功成不必在我"的境界,在部队中发扬"传棒接力"精神,积极为装备保障的"板凳队员"创造成才条件、锻炼机会,在重大演训活动中多让"板凳队员"操装上阵,持续培养能够跟进接茬的装备保障人才,努力实现人才成团接续,防止技术断档、人才断层,确保机务人员人才后继有人、梯次跟进。说到底,机务人员人才培养就是要形成一种科学有序、持续用劲的长效机制。

拓展式培养,一专多能放大人才储量。在过去机械化条件下,机务保障一直存在"隔行如隔山"的顽症,机务人员只能对本专业装备进行技术保障。在信息化条件下,技术保障呈现一体化、多样化的趋势,要求保障人员必须是既精通某一专业,又熟悉邻近专业的一专多能人才,也就是由"单一专业"向"专博结合"的通用型人才转变。这就要求对保障人才进行拓展式培养,通过交叉任职、换岗锻炼、业务集训、送学进厂等方式,广泛开展"一专多能、一人多用"岗位练兵活动,大力培养"精一行、通几门、多岗适用"的复合型保障人才。确保战场上一旦出现战斗减员,立刻能有相应的"备份"保障人才顶替,使机务人员人才相互补台,及时补位,实现战斗力的无缝对接和战斗力链条牢固运转。

未来战争是基于信息系统的体系作战,信息化武器装备的技术含量密集,在战争中往往会出现"毁一点而瘫体系"的状况,武器装备出问题不仅是机械故障,更多的可能是信息系统方面如电路、电子元器件上出问题。这就要求在提高装备保障人才技能基础的同时,必须提升其信息化素养。具体来说,就是装备技术保障人才不仅能够排除机械故障,而且能够快速排除电路和电子器件故障;不仅能够维修理武器装备的若干节点,而且能够检测调试整个武器装备系统;不仅能够对主战装备提供技术保障,而且能够对相关辅助装备进行维修保障,成为一专多能、技能兼智能型的高素质保障人才。拓展式培养的结果是:机务人员总量虽未增加,但胜任每个岗位、每个战位的保障人才都增加了,实际上起到了放大人才储量的作用。

第2节 军事演练及评估

近年来,空军部队为适应现代战场需求,积极探索加强网络平台、管理信息化、维修作业信息化等方面建设,推动机务保障向精确化、可视化迈进。与之相适应的机务综合保障训练,在先分练后合练、先易后难、由简入繁原则的循序渐进下也走出了课堂。他们不断在艰苦严格的训练中、在近似实战的环境中、在严峻复杂的军事斗争中,摔打和锻炼,朝着召之即来、来之能战、战之必胜的目标不断奋进。

演练,就是训练演习、操练,渗透于日常生活的方方面面,比如森林火灾扑救演练、地震应急救援综合实战演练、疫情防控模拟演练、生产安全事故应急救援演练等。在军事训练范围集合中,实战、对抗、应急、综合、海陆空协调联动等真实演练,作为课堂学习的"续集"及可视化展示,同样需要发现总结优势项、不足项、整改项和改进项。这就为航空装备维修保障人机训练评估在实战演练中的拓展,提供了新的应用场景。

8.2.1 多项目演练

世界军力排名比拼,靠的是实战化的训练水平。行不行,演训场上看一看;硬不硬,战火硝烟炼一炼。如果把舒适的训练状态当成"保底工程",训练水平必然长期在低层次徘徊,提高战斗力也就是一句空话。《军事地形学》要求受训人员们走出教室,实地锤炼本领。选择近似实战和生疏复杂地形作为考评场地,大量运用声、光、电、爆等技术和自动化目标显示系统,模拟集侦察监视、精确打击、心理攻防等于一体的战场环境,加大训练环境向实战化对表,从真打实抗中激发斗志,是打破认知壁垒、强化实战演练的"题眼"。

1. 实战演练

实战演练,面对的是真实的飞机及保障场景。机务人员保障的工作流程,一般包括指挥油车、战机加油、装卸设备、弹药装挂、复查把关、清点工具、战机放飞等一项项复杂的工作操作流程。比如,战机"热加油、热挂弹",要求机务人员在飞机发动机不关车、飞机不完全断电、飞行人员不离开座舱的状态下,对飞机进行再次出动检查,进行燃油和弹药补充;检查飞机的机体结构件和机体整体稳定情况,以及螺丝连接的部件,是否在剧烈飞行中发生松动或者掉落;在飞行实施阶段,对照科目密切协同,塔台班子紧密配合精准指挥,机务官兵精神振奋高效维护,上演着外场保障的速度与激情。这些实操演练项目,以全领域、全系统实战化练兵备战为牵引,逐项对机务岗位技能进行检验。

与课堂或者模拟器操作不同,机务人员在真实的保障环境中往往会面对各种各样复杂的场景,如夜间飞行、低气象起降、极寒天气、野外驻训、大漠戈壁等较为恶劣的工作环境。如果机务人员把"习惯当标准",而不是把"标准当习惯",就会"大意轻敌"导致训练失利。为在不同环境中保障战鹰顺利升空、平安归来,机务人员必须枕戈待旦,默默坚守岗位。从飞机整体外观,到发动机重点管路,到飞控系统关键数据,到座舱各类仪表按钮,都一一检查确认,并迅速进行精准调试和电子打卡,确保飞机各系统状态符合特殊环境要求。

2. 应急演练

空战的天空,因为永远无法预测敌人想什么要干什么,所以没有什么是固定的态势、战法和支援,这些统统都需要随机应变。为锤炼部队应急处突和快速保障能力,应急演练会在虚拟的事件条件下,以随时会出现的突发状况,检验应急计划的有效性、应急准备的完善性、应急响应能力的适应性和应急人员的协同性。应急演练,在机务维修中,往往表现为飞机应急出动准备、战伤抢修、限时排除故障等。

以某团在外场组织开展"飞机发动机突遇故障"抢救演练为例:接到上级命令,该团迅速行动,周密部署,精心挑选骨干成立飞机抢救组和飞机应急抢修组。飞机抢救现场,飞行员在抢救小组的帮助下脱离座舱,抢救小组按照相关抢救方案迅速对飞机进行紧急抢救。为避免影响后续飞机的降落、滑行,经上级批准后,抢救小组立即把飞机牵引至机棚进行下一步的应急抢修,拆卸发动机蒙皮,拆卸各类机件、管(线)路……力争尽快恢复飞机的完好状态,使其再次投入到紧张的"战斗"中。

3. 对抗演练

一直以来,我军都有对抗演练的传统。坚持多机兵种对抗演练,或者利用演习、驻训等时机与友邻航空兵部队互为对手,是走出去学经验、找差距谋发展,不断探求"制胜之策"的双赢举措。像针对空军飞行员的"金头盔"比武(中国空军飞行技能竞赛),就是在战斗飞行情况下进行的对抗性质竞赛。"金头盔"比武考核的难度、强度、规模逐年递增,对抗性越来越强,并在2017年吸引海军航空兵参与比武,使两大军种可以相互切磋、交流。由此可见,对抗演练在空战训练领域引起化学反应的同时,也为建设强大现代化空军的"空战文化"注入了时代养分。

空中战斗飞行作为战争形态的体现,背后包含了"小兵力、大体系"的空间概念。飞行对抗的"台上一分钟",牵引着官兵的"台下十年功"。对抗过程中,机务战线不仅要保障战机出动,更要深挖战机和武器潜能;不仅要当好"后台"装备保障的"良医",更要走上战训"前台"参研空战"剑法"。走上比武对抗的"前台",机务人员能有多大作为?这就需要通过真实的演练来进行评价。

比如,在"硝烟"四起的逼真战场环境下,由"红""蓝"双方练战法、拼速度、赛技能,互为"假想敌",谁能比规定时间更短地实施电子干扰,完成武器弹药的快速装挂,谁就能赢得对抗先机;在另一场以"复杂电磁连战法,复杂气象练机动"为训练要点的对抗演练中,夜空中"红""蓝"双方战机截击格斗,奇招频出,地面上,各类保障车辆穿梭如织,只有作战方式、作战对策、作战组织指挥及各种保障预案更胜一筹的一方,才能脱颖而出。

对抗演练,往往也是暴露问题的"放大镜",解决问题的"催化剂"。此前,在某中队的一次空战对抗演练中,飞行员发现机载雷达扫描目标出现异常。训练结束后,官兵和飞行人员一起钻进战术评估室,通过视频回放、飞参判读等办法,反复对比分析,最后确定:某型雷达的特性引起这一现象,并不是战机故障。此后,经过机务官兵反复研算推敲和空勤人员飞行论证,一套全新的机动战法诞生了,并在一次对抗性竞赛考核中一战成名。

4. 综合演练

在空地融合作战指挥和新型作战力量的培养下,飞行、机务、领航、管制、气象等各类骨干人才初步汇聚成强大战力,为形成多维立体的攻击态势提供了坚实的人才保证。一大批空地指挥人才、合成参谋人才、一线战斗人才、装备保障人才经过多样化的军事任务的历练,正在逐渐成为各自领域里叫得响的"课代表"。这些"课代表"们,在演训场上,奉献了一场又一场的整建制、全要素的多项目联合演练。

综合演练,包括战斗转场保障综合训练、战斗飞行保障综合训练、战时防护防卫训练、多机种保障训练、战伤装备抢修训练、战时技术支援训练等课目,这对于整个机组的人员搭配、对战训规程的掌握情况,以及发挥新质战斗力的作战效能等都是极大的考验。因为在保证质量的前提下,每提前一秒就意味着飞机可以早出动一秒,飞行员可以提前一秒找到最佳位置。

走上综合演练的"前台",训练与保障相对独立的状态已被打破,各兵种从"积木组合"走向"血脉相融",空地一体的相互依存度空前高涨。保障人员走进战术研究室,参与训练组织实施全过程,列席战术训练复盘检讨,与飞行员一起推演、验证、创新攻击发射"新招法";飞行员也加入机务保障团队,参与关键故障排除、研究,深度学习掌握装备原理、性能,先后解决空战难题。

5. 海陆空联训

当前作战形势下,海陆空联合作战、联合制胜,已成为现代战争的基本作战样式和重要制胜机理。建设强大的现代化军队,把各种作战力量、作战单元、作战要素融合起来,形成体系作战能力,是联合训练的本质要求;把握联合作战新特点新趋向,着眼提高一体化联合作战能力,增强联战联训、以联为纲的聚合力,是加快推进军事训练转型的重要目标和战略抓手;以基地训练、对抗训练、综合演练为重点,加快联合训练环境条件建设,丰富战略选项,是不断开辟联合训练增长极的重要战略砝码。

从联合作战能力形成的规律上讲,不能只靠几个回合的"大团圆",唯有连续性、常态化的磨合才能实现深度联合。在多次实战联训的过程中,既能发现短板、寻找差距,打通精武强能的"最后一公里",又能以高强度、高标准要求,提高部队的打赢能力,全面锤炼部队高强度环境和复杂条件下全时域作战能力,以实际行动让祖国万里海疆的铁壁铜墙更加牢固。

8.2.2 演练评估

从实战演练、应急演练到对抗演练、综合演练,再到海陆空联训。在贴面式感知战场的千锤百炼下,部队训练成果得到了检验,空地协同能力得到了锤炼。那么自然也会暴露出部队训练对空战中指挥协同关系、双机编队攻击队形、攻击态势和窗口掌握较为薄弱等问题。其中,值得我们关注的当属机务维修人员在演习过程中,是否表现出了规范的维修组织、明确的工作标准、熟练的维护操作和信息化的维修管理?有没有出现比较严重的维修差错?机务保障绩效是否达到了优异?

同样,多项目演练中的机务绩效评价,也可以借鉴航空装备维修保障人机训练评估的成果来进行分析。只是不同于模拟器装备上训练数据和绩效的获取,演练评估的数据获取场景和组织实施情况更为复杂,需要结合软件获取、演练记录、视频回放及相关资料等多种形式。这就要求在演练过程中,要尽可能利用更多的信息技术手段,保持"战场"全程透明,后方一览无余,并研制开发以定量分析为主的信息化训练评估系统,增强训练环境的对抗性、训练评定的准确性和公正性。

此前,曾有相关报道指出,美军演习时,一般专门设有一个作战效果评估中心,所有部队及其车辆都配备了能发射信号的装置,负责对演习行动效果进行分析和评价。对抗双方的输赢不只是由导演和裁决人员主观决定,而是根据各种光、电、声、磁等信息记录装置产生的数据来评定。此外,演习场上还有许多流动的摄像组,以便把训练情况尽可能多地摄入。这种与电子信息相结合的作战能力评估系统,可以非常详尽地了解真实的训练情况。

日本的自卫队在军区级演习评估方面,运用的是"高职能战斗演练系统",在师团级的作战演习中则普遍运用"训练评价支援中心方式"。这些系统能利用摄像机和计算机再现部队演习的实况,而且能够对演习实施、对抗部队的兵力和装备随时进行计算,完成弹道计算和火力压制判断等工作,从而对演习各阶段和参演人员作出评价。

在通过科技手段取得相对准确的演习数据后,还需要对照航空装备维修保障人机训练评估的七大层级进行演练场景的"改造",既评战斗人员的战术素养又评武器装备的使用技能,既评战斗行动又评战斗效能,既评指挥控制又评协同动作,既评单项能力又评整体能力,实现由单项能力评估向综合能力评估的转变。继而形成对演练执行情况、预案的合理性与可操作性、应急指挥人员的指挥协调能力、参演人员的处置能力、演练所用设备装备的适用性、与其他兵种的配合程度、演练目标的实现情况等考核指标的可视化分析。

各评价指标的形成,意味着针对演练中机务维修人员表现的评估,将在相应的评估流程、评估算法和落实机制中,形成最终的评估结果。将评估结果形成演练报告,详细说明演练过程中机务维修存在的问题及取得的成绩,即可为下一步组织更大规模的演练训练积累经验、立起靶标。

由此可见,持续打造、充分用好人机训练评估的成果,使之更加契合现代战争的制胜机理、战训一体的本质要求,是统筹安排全军重大演训任务,突出实案化对抗性训练,突出联合指挥训练,突出新装备新力量新领域训练和融入作战体系训练,提升实战化演练水平的"聚变"内核。深入推进军事训练转型,构建新型军事训练体系,人机训练评估的研究及相关评估体系的建立,将大有可为,前景广阔。

第3节 人机训练辅助设备的提升

人机辅助训练设备主要是指用于航空维修训练的各类模拟器。模拟器设备在机务维修训练中的广泛应用,以及与相应评估软件的衔接,让人机训练评估的研究、开展、拓展、应用都"如鱼得水",成为战斗力加速生成的"倍增器"。

那么从这个角度上看,是否意味着人机辅助训练设备仅仅是人机训练评估形成的充分条件?不,严格意义来讲,这两者之间从来不是单向、单层次的输出,而是心有灵犀的双向奔赴。因为模拟训练装备,在带来军事训练物质环境变化的同时,自身也迫切需要更新训练理念,指导推动训练向更高层次发展。

在这一过程中,人机训练评估作为一项重要的"引擎",还可以反过来作为人机辅助训练设备提升的参考,为加速模拟器的战略性、前沿性、颠覆性技术开发,指明方向。比如,分析机务维修训练的保障情况,找出其薄弱环节,在辅助设备上予以强化,提高保障效能;根据训练评估效能侧重,为研制高技术含量的维修模拟器提供设计方向,等等。

近年来,一批融合实时仿真技术及虚拟技术的高级训练模拟装置和空战训练系统陆续装备到部队。模拟器及其相关系统主要呈现出以下的发展趋势:

一是与增强现实技术相结合。增强现实(Augmented Reality,AR)技术是在虚拟现实基础上发展起来的一种新兴计算机应用和人机交互技术。借助光电现实技术、交互技术、多传感器技术和计算机图形与多媒体技术将计算机生成的虚拟环境与用户周围的真实场景相融合，使用户从感官效果上确信虚拟环境是其周围真实场景的组成部分。虚拟现实让用户完全沉浸于计算机生成的虚拟环境中，而增强现实实现了虚拟图像和真实环境的无缝融合，从而可以增强虚拟维修的沉浸性和交互性。结合虚拟模型和半实物模型的自身优点，开展不同应用条件下的虚拟训练仿真工作。

二是系统功能多样化，设计所需软件开源化。目前，国内虚拟仿真系统基本上是通过 Virtools、Delmia、Jack 商用软件提供的接口进行二次开发。不仅价格昂贵，而且开发单一，无法满足系统功能多样化的需求。OSG、Unity 3D 等开源或较开放的软件平台成了中国虚拟仿真技术发展的突破口，可基于此类软件研制出具有中国自主知识产权的软件平台。

三是整合电路仿真功能。目前，虚拟训练领域中的研究主要针对装备机械部件的操作进行的，没有涉及装备内部电气方面，尤其是针对电路的仿真训练。未来的研究方向，应该着眼于将电路级的维修训练融入虚拟维修训练系统中，以此来完善虚拟训练系统，使得装备技术人员能够通过虚拟训练系统得到更加全面的培训。

四是系统的小型化、轻型化。目前结合虚拟现实技术的虚拟训练系统受制于显示设备、位置跟踪设备等硬件，体积较为庞大，建设费用较高，随着 3D 头盔、眼镜等设备显示效果及性能的进一步提升，人机交互设备的更新换代，有望在未来的几年内实现虚拟训练系统的小型化、轻型化，进而使其在更广泛的领域内应用推广。

未来，根据人机训练评估的反馈机制，模拟器还将在实现手段和操作方法上拓展更多的创新效能，促使模拟器向多功能、虚拟化、通用化、训练任务一体化和远程分布式的方向发展，推动军事训练手段和条件从"信息+"向"智能+"转型升级。

第8章 人机装备训练评估拓展应用和展望

当前,军事训练进入了全方位变革、整体性提升的新阶段,军事训练外部环境和内部条件都发生了深刻变化。加快实现军事训练转型升级,需要扎实推进八个"要":

·要强化战训一致,坚持以战领训、以训促战,做到按实战要求训练,实现作战和训练一体化。

·要强化联合训练,坚持以联为纲,发展我军特色联合训练体系,加速提升一体化联合作战能力。

·要强化训练管理,优化管理模式和流程,加强相关法规制度和标准手段建设,提高全周期、精细化训练管理水平。

·要强化科技练兵,增强官兵科技素养,加强新装备新力量新领域训练,发展先进训练手段和方法,大幅提高训练科技含量。

·要强化训练保障,优化布局、完善要素、创新方式,构设逼真练兵环境,加快构建高水平训练保障体系。

·要强化人才支撑,贯彻新时代军事教育方针,发挥院校教育、部队训练实践、军事职业教育综合育人功能,培养大批练兵备战行家里手。

·要尊重官兵主体地位,发扬军事民主,鼓励创新创造,把广大官兵练兵热情激发出来、练兵智慧凝聚起来。

·要在艰苦严格的训练中、在近似实战的环境中、在严峻复杂的军事斗争中摔打和锻炼部队,引导官兵坚定理想信念、磨砺战斗意志、锤炼战斗作风,始终保持一不怕苦、二不怕死的顽强战斗精神。

这八个"要"以军事训练为长期任务,要求部队始终站在强军兴军的政治高度上强化组织领导,切实把军事人员现代化作为一项头等大事来抓,始终摆上重要位置。与此同时,也为"航空装备维修保障人机训练评估体系"的拓展、应用留下了发挥空间。

"航空装备维修保障人机训练评估"正是基于人才战略的重要性,围绕战训一致、科技强兵来打造以官兵为主体的训练保障体系。它强调通过管理来提升训练的精细化水平,要求在近似实战的环境中进行训练评估的落实。利用该评估成果逐步推进,将有助于推动机务维修人员的整体人才队伍建设。

首先,针对某一部队的某些机务人员,结合"航空装备维修保障人机训练评估"进行评估,努力实现机务人员的素质最优化、工作岗位最适合化、战斗士气最大化,确保训练评估体系良性运转。

其次,伴随着高频次训练评估的开展,"航空装备维修保障人机训练评估"便会在不断的实践磨砺中日渐完善,慢慢长出飞出该小范围机务群体的"翅膀",具备了针对更大范围机务人员展开评估的实力。

再次,当评估的频次越来越高,参与评估的机务维修人员数量越来越多,各部队军事训练的独特性和评估暴露出的问题就会愈发明显。针对这些问题,对评估进行进一步的丰富、调整后,"航空装备维修保障人机训练评估"就会愈发成体系、成建制,成为机务维修评估领域极具"标准"价值的一面旗帜,广泛运用到各部队组织中去。并通过发挥其高素质新型机务人才"孵化箱"、部队训练实践"磨刀石",以及军事职业教育"助推器"作用功能,催生出一大批航空机务优秀人才,强力推动机务人员现代化取得实质性突破。

值得注意的是,在评估推进过程中应充分考虑其中的动态因素。航空机务人员现代化转型升级不是短期内就能立竿见影,而是需要各级长期不懈地努力才能达成。即使今天各级各类人员达到了现有指标,但随着科学技术的迅猛发展,其现代化标准也需要重新制定。加之人员知识更新不及时、人员处于动态变化等主客观因素,都要求及时建立健全机务人员现代化信息数据库,动态进行跟踪评估,以不断升级的航空装备维修保障人机训练评估,确保机务维修训练与时俱进,"风正潮自当乘风破浪,任道远更需策马扬鞭",努力实现现代化目标要求。

参考文献

[1][美]杰克·J.菲利普斯著,李元明译,林佳澍译.培训评估与衡量方法手册[M].天津:南开大学出版社,2001.

[2]高志敏.人力资源开发的培训评估模型及其修正与完善[J].河南职业技术师范学院学报,2004.

[3]姜明远.空军信息装备信息化概论[M].北京:国防工业出版社,2006.

[4]张阔,赵柏松,孟冲.信息化条件下航空装备维修保障能力探析[R].空军航空大学,2007.

[5][美]柯克帕特里克,柯克帕特里克著,奚卫华等译.如何做好培训评估——柯氏四级评估法[M].北京:机械工业出版社,2007.

[6]张凭博.基于AHP模糊综合评价法的企业培训效果评估研究[D].大连海事大学,2008.

[7]杨凤仙,张黎青.几种培训效果评估模型的对比分析[J].中国电力教育,2008.

[8]刘磊.基层部队军事主官岗位培训项目绩效评估研究[D].国防科技大学,2009.

[9]王翠云.虚拟仿真操纵台设计及人机交互评估的研究[D].哈尔滨工程大学,2009.

[10]柯威,刘丽杭.军事训练绩效评估概述[J].管理观察,2011.

[11]王梓硕,叶文.关于加强航空武器装备信息化建设的思考[J].科技视界,2012.

[12]于联军.工程装备保障训练考核评估系统的设计与实现[D].山东大学软件学院,2013.

[13]李远远.大数据环境下的智能综合评价方法研究[J].学术论坛,2014.

[14]徐亨成,陈璞,姜霖.航空装备信息化条件下的机务人员培养研究[R].空军第一航空学院,2016.

[15]王宏宇.空军装备维修保障信息化建设的若干问题[J].军民两用技术与产品,2016.

[16]胡海鹏,查秀峰,李晓峰.军队士官院校教员队伍建设现状与能力素质需求浅析[J].职业教育,2016.

[17]薛昭,杜晓明,裴国旭.军事训练评估研究综述[J].飞航导弹,2017.

[18]丁友宝,彭志刚,张洪群.智能化作战及军队战略推进与发展[J].国防科技,2019.

[19]梁精睿,曹军海.基于人机交互的装备保障仿真推演系统研究背景及意义分析[J].山东工业技术,2019.